Vera Bartholomay

Projekt Sehnsucht

Vera Bartholomay

Projekt Sehnsucht

Ein Mutmachbuch für alle, die von der Selbstständigkeit träumen

Kösel

FSC® www.fsc.org
MIX
Papier aus verantwortungsvollen Quellen
FSC® C083411

Verlagsgruppe Random House FSC® N001967

Umschlag: Weiss Werkstatt, München
Umschlagmotiv: © Shutterstock/Tina Bits (Bild Nr. 1076495531)
Redaktion: Barbara Krause
Satz: Buch-Werkstatt GmbH, Bad Aibling
Druck und Bindung: CPI books GmbH, Leck
Printed in Germany
ISBN 978-3-466-34723-0
www.koesel.de

Dieses Buch ist auch als E-Book erhältlich.

Inhalt

Einleitung

Erkennst du es schon? Die große Transformation hat längst begonnen. Unsere Gesellschaft verwandelt sich, es entstehen neue Strukturen und Werte. Menschen verändern sich, sie entwickeln neue Bedürfnisse und Dringlichkeiten. Vieles geht einfach nicht mehr. Oder nicht mehr so wie bisher. Alles ist in Bewegung.

Seit einigen Jahren beobachte ich, wie immer mehr Menschen ganz persönliche Träume und Visionen von einem besseren Leben entwickeln. Und immer mehr von ihnen wollen nicht länger warten, diese Träume auch Wirklichkeit werden zu lassen. Sie haben keine Lust mehr auf einen Arbeits- oder Lebensalltag, der nicht wirklich befriedigt und glücklich macht. Sie wollen ihr eigenes Ding machen, haben oft tolle und außergewöhnliche Ideen, wissen aber nicht immer, wie sie es anpacken sollen. Wissen nicht, ob sie sich trauen können, fühlen sich oft allein und lassen sich vielleicht entmutigen.

Für manche sind es kleinere Veränderungen – etwa das Bedürfnis, ein kreatives Hobby stärker oder gar halbprofessionell auszubauen und dafür Zeit im Alltag zu finden. Andere wollen gleich den Beruf wechseln oder neben ihrem aktuellen Beruf ein zweites Standbein entwickeln und vielleicht eine Yogaschule aufmachen, ein Atelier oder eine Praxis.

Und ich sehe Menschen mit wunderbaren Ideen viel zu früh aufgeben. Ich sehe aber auch Gesetzmäßigkeiten und Konsequenzen, die zu unterschiedlichsten Projekten und Phasen passen.

Mit diesem Buch möchte ich dir eine Hilfe an die Hand geben, damit du klarer erkennst, wie deine Vision Realität werden kann. Damit du die Schritte deutlicher vor dir siehst, deine Unsicherheiten abgebaut werden und du deinen Mut und deine Ausdauer behältst. Gleichzeitig lasse ich außergewöhnliche und erfolgreiche Menschen zu Wort kommen, die uns allen von ihren Erfahrungen berichten können. Sie lassen uns an ihrem umfangreichen Wissen teilhaben und machen uns Mut. Mit solchen Menschen habe ich für dieses Buch persönliche Gespräche geführt.

Projekt Sehnsucht soll dir auf dem Weg in die Selbstständigkeit verlässlich zur Seite stehen – als Handbuch, Arbeitsbuch und Mutmachbuch.

Wie alles beginnt

Am Anfang ist es eine vage Sehnsucht. Vielleicht noch ganz ohne Worte, ohne greifbare Inhalte. Es will etwas entstehen, und es lässt dir keine Ruhe. Mag sein, dass du dich dagegen wehrst, hinzuhören oder hinzuschauen. Du hast gerade keine Zeit, anderes ist so viel wichtiger, ach, es ist ja sowieso alles nur eine Spinnerei, du kannst doch so etwas gar nicht. Oder was deine innere Stimme auch immer sagen mag …

Doch die Sehnsucht erwischt dich immer wieder in ungesicherten, offenen Augenblicken. Und nach und nach nimmt sie immer mehr Gestalt an.

Auch dieses Buch war einmal eine solche Sehnsucht – eine ganz zarte Idee. Entstanden aus Begeisterung und Bewunderung für Menschen, die ungewöhnliche und mutige Projekte in die Welt gebracht haben, die ihre Träume und Visionen ernstgenommen haben. Ich wollte wissen, was sie anderen zeigen können, wo sie Mut machen können. Ich wollte meinen eigenen beruflichen Weg klarer sehen und besser verstehen. Wollte hilfreiche Parallelen und genaue Regeln erkennen. Aus meinen eigenen und den Erfahrungen anderer schöpfen. Wollte den Menschen in meinem beruflichen Umfeld, die immer wieder vor entscheidenden Schritten und Lebensveränderungen stehen, eine klare Hilfe und intensive Begleitung an die Hand geben.

Meine persönliche Geschichte

Wie komme gerade ich dazu, dir etwas über den Entstehungsweg von Herzensprojekten sagen zu wollen?

In Norwegen geboren und aufgewachsen bin ich mit 18 Jahren von einer Insel an der Südküste Norwegens allein in das für mich sehr große und fremde Ausland gegangen – und bin nie ganz zurückgekehrt. Damals war so etwas ein recht mutiger und ungewöhnlicher Weg.

Nach einem Sprachstudium in Deutschland wagte ich in meinem ersten Beruf als Übersetzerin gegen alle Prognosen und Ratschläge den Schritt in die Selbstständigkeit – und hatte Erfolg. In den folgenden 25 Jahren war ich eine der gefragtesten Fachübersetzerinnen für Norwegisch. Zu meinem Kundenstamm gehörten die ganz großen Namen der deutschen Industrie.

Zusammen mit anderen Kollegen baute ich ein Netzwerk für skandinavische Übersetzer auf, damit wir uns gegenseitig unterstützen konnten. Bis heute ist es eines der aktivsten und erfolgreichsten Netzwerke für Übersetzer in Deutschland.

Dann traten nach und nach ganz andere Themen in den Vordergrund. Durch die Erfahrung von persönlicher Hilfe und

Heilung entdeckte ich die energetische Körpertherapie »Heilsame Berührung – Therapeutic Touch«. Erst aus rein privatem Interesse, so wie man vieles im Leben lernt und vielleicht auch bald wieder zur Seite schiebt. Aber diese für mich neue Art der Begegnung mit Menschen berührte etwas tief in meinem Inneren. Die »Heilsame Berührung« rief immer öfter nach mir und wurde nicht leiser. Im Gegenteil, ich fühlte mich in dieser Arbeit zunehmend zu Hause, und es erfüllte mich so viel mehr als meine Übersetzungen. Immer mehr Menschen wollten von mir behandelt werden, und ich habe recht bald im Nebenberuf eine eigene Praxis gegründet.

Und zwar nicht einfach irgendwo, sondern als Teil einer »Kultur- und Werkhof«-Gemeinschaft in Saarbrücken, in der viele kleine Projekte und Firmen neue Wege des Arbeitens und des Kreativseins miteinander ausprobieren und reflektieren. Seit 25 Jahren besteht diese Gemeinschaft schon und setzt sich mit den unterschiedlichsten gesellschaftlichen Entwicklungen und Herausforderungen auseinander. Von den vielen Gesprächen und Diskussionen dort habe ich eine Menge gelernt.

Mit der Zeit wollten auch immer häufiger Leute von mir erfahren, wie man die »Heilsame Berührung« selbst erlernen kann. So entstand über die Jahre ein immer größer werdendes Seminarangebot. Heute bilde ich Menschen in ganz Deutschland, Norwegen und der Schweiz in der »Heilsamen Berührung« aus. Und habe damit so viel zu tun, dass ich meinen ersten Beruf ganz aus meinem Leben gestrichen habe.

Und ich habe über diese Körpertherapie ein Buch geschrieben. Mein allererstes. Todesmutig. Ein gewagter Schritt in ein neues Berufsverständnis. Denn zu ähnlichen Themen gab es schon so viele Bücher. Es hätte auch fürchterlich scheitern können. Das Buch traf jedoch auf ganz viel Resonanz. Schon in den ersten Monaten waren Tausende Exemplare verkauft.

Eine große Anzahl der Leser nahm persönlich Kontakt auf und wollte noch mehr lernen. Ich konnte mein Seminarangebot stetig ausbauen.

Was wie eine »einfach so entstandene« Entwicklung wirken mag, war dennoch von großen inneren und natürlich auch äußeren Schritten begleitet. Es hat Mut gekostet, viele Ängste mussten durchgestanden werden, Selbstzweifel haben mir immer wieder schlaflose Nächte bereitet. Und immer war ich dabei allein. Wusste nie, »wie man so etwas macht«. Ich habe Dinge ausprobiert. Mal ist es gelungen, mal gründlich gescheitert. Wenn es gescheitert ist, dachte ich immer, es läge nur an mir, ich wäre nicht klug genug, mir würde es an Fähigkeiten und Geschick mangeln.

Erst über die Jahre habe ich verstanden, dass nicht nur ich ganz allein solche Wege gehe und vor so vielen Fragen stehe. Dass es Gesetzmäßigkeiten gibt. Deshalb fing ich an, mein Wissen und meine Erfahrungen aufzuschreiben, damit sie auch für andere eine Hilfe sein können.

Das Ergebnis ist das vorliegende Buch.

Für dieses Buch bin ich selbst noch einmal durch alle hier beschriebenen Entwicklungen gegangen und habe die Gefühle und Bedenken der einzelnen Stufen nochmals durchlitten, aber auch genossen. So habe ich dieses Buch nicht nur für dich, sondern auch für mich geschrieben.

Wollen wir ein Stück gemeinsam gehen?

Teil I:
Eine Idee entsteht

Was genau möchte entstehen?

Hier beginnt deine Reise. Erst im Inneren. Später folgen äußere Schritte. Aber zuerst lernst du deinen Traum und deine Beweggründe etwas besser kennen.

Vielleicht magst du dir richtig schönes Arbeitsmaterial für diese Reise gönnen. Ein großes, schönes Notizbuch und einen Stift, der wirklich gut in deiner Hand liegt. Oder du gestaltest dir einen besonderen Ort, an dem du dich wohlfühlst und wo es dir leichtfällt, über die Themen in diesem Buch nachzudenken.

Ich werde dir auf den folgenden Seiten immer wieder empfehlen, deine Gedanken schriftlich festzuhalten. Das hat eine ganz andere Wirkung, als wenn du nur darüber nachdenkst, denn unsere Gedanken sind sehr flüchtig und gehen leicht wieder verloren. Und mit den Entwicklungsstufen in diesem Buch möchtest du ja irgendwann etwas Greifbares und sehr Konkretes in die Welt bringen.

Wofür brennt dein Herz?

> »Wenn der Traum leuchtend genug ist,
> kann man etwas wagen,
> wovon es eigentlich schon genug gibt.«
>
> Anita Maas – Verlegerin

Deine Arbeit sollte dein Herz berühren. Denn deine Berufung findest du dort, wo deine große Freude und deine Leidenschaft auf die Bedürfnisse deiner Umgebung treffen. Kläre also zuerst, was du wirklich liebst.

Beispiel:

Anna-Maria Lösche – Tanz- und Weiblichkeitspädagogin:
»Mir war es selbst viele Jahre nicht bewusst, dass das, was mich im Innersten bewegte, die Sehnsucht war, weibliche Energie in ihrer ganzen Fülle freizusetzen. Nicht nur die Kriegerin, nicht nur die Starke und Unabhängige, die so gut ins männlich geprägte Gesellschaftssystem hineinpasst, sondern gerade aus den weiblichen Facetten heraus leben zu können, die mit Sanftheit, Nachgiebigkeit und Empfänglichkeit zu tun haben. Mit Verletzlichkeit, Anmut und Schönheit.«

Beschränke diese erste Klärung nicht auf das Projekt, das du vielleicht schon im Planungsstadium hast, sondern stelle dir einige grundsätzliche Fragen zu dir als Person. Gönne dir reichlich Zeit. Es ist nicht unbedingt notwendig, alles zu beantworten, sondern lasse dich von den Fragen antreiben, die dich sofort ansprechen. Bitte beantworte diese Fragen am besten schriftlich:

Klarheit gewinnen:

- Was hast du immer schon gern gemacht?
- Bei welchen Aktivitäten verlierst du dein Zeitgefühl und könntest ewig weitermachen?

- Sollte dieser Zustand schon länger her sein: Wann ist er früher vorgekommen? Wie war es z. B. in deiner Kindheit?
- Welche Vorstellungen und Tagträume lassen dein Herz höherschlagen?
- Wofür kannst du so richtig Feuer fangen und auch andere begeistern und mitreißen?
- Wann siehst du wirklich glücklich aus?
- Was würdest du auch dann tun, wenn sich niemand dafür interessiert?
- Was würdest du in jedem Fall tun, auch wenn du nie damit Geld verdienen würdest?

Als zweiter Schritt schaust du dir deine Antworten genau an. Zu welchen Antworten würdest du ein »naja, geht so« oder »ganz nett« sagen, wozu könntest du ein kleines »ja« sagen oder wozu ein ganz großes »JA!«. Schreibe diese Kommentare zu deinen Antworten. Was fällt dir dabei auf? Sind überraschende Erkenntnisse dabei?

Beispiele:

Der Komödiant Ewald Blum erzählt, dass er schon als kleines Kind gern vor Verwandten aufgetreten ist. Er hat alles gemacht – vom Witzeerzählen bis zum Vorführen von Zaubertricks. Später hatte er viele Jahre lang Rollen im lokalen Karnevalsverein. Ständig sprudelten neue, verrückte Ideen für kleine Showeinlagen aus ihm hervor. Ein Beruf wurde erst später daraus, als er merkte, dass er über eine bestimmte Laienebene nicht hinauskommen würde, wenn er nicht wesentlich mehr Zeit in die Vorbereitung seiner Stücke steckte. Und um diese

Zeit zu ermöglichen, musste er auch Geld damit verdienen.

Die Künstlerin Tina Stein:
»Man sollte ein Projekt auch nicht nur ein bisschen wollen, sondern das ganze Eigene sollte dahin streben. Also nicht nur denken, dass es jetzt ein schickes Angebot wäre, oder eine Alternative für mich, weil ich nicht mehr in meinem bisherigen Beruf arbeiten will. Es muss im Inneren gewachsen sein und wirklich aus dem Herzen kommen. Ich bin der tiefen Überzeugung, dass alles, was im Herzen gereift ist – also unser Herzensweg –, immer gelingen wird. Man wird nicht immer reich dabei, und der Weg ist bestimmt auch steinig, aber das Herzensthema wird mit Sicherheit Resonanz finden.«

Warum soll sich etwas ändern?

Die treibende Kraft hinter manchen Träumen ist am Anfang oft eher das, was du nicht mehr willst. Dein altes Leben gefällt dir nicht mehr. Vielleicht macht es dich weder glücklich, noch hast du das Gefühl, etwas wirklich Sinnvolles zu tun.

Es ist ganz wichtig zu erkennen, was für dich nicht mehr geht. Dabei solltest du allerdings wissen, dass ein »nein« zu deinem bisherigen Arbeitsleben nicht als alleinige Grundlage für eine positive Veränderung ausreicht, sondern dir lediglich einen Schubs für einen ersten Schritt in etwas Neues hinein geben kann.

Klarheit gewinnen:

- Was willst du nicht mehr tun oder weniger tun? Warum?

- Welche Teile deiner Persönlichkeit können in deinem aktuellen Alltag nicht wirklich ausgelebt werden? Was liegt brach in deinem Leben? Warum?
- Ist es ein wirkliches Talent, eine Leidenschaft – oder eine eher nebensächliche Eigenschaft?
- Ist es wirklich wichtig für dich, dass du diesen Bereichen mehr Platz in deinem Leben einräumst?

In meiner Gymnasialzeit gab es einen Mitschüler, der Gedichte geschrieben hat. Sein Name ist Håvard Rem. Ein Jahr vor dem Abitur beschloss er, seine Schulzeit vorzeitig zu beenden, denn für das, was er in seinem Leben wirklich machen wollte, brauchte er seiner Meinung nach weder Abitur noch ein Universitätsstudium. Er wollte nur Gedichte schreiben und sonst gar nichts. Natürlich hat man ihn für einen Träumer und Spinner gehalten. Lehrer, Eltern und Freunde haben alles getan, um ihn von diesem Schritt abzuhalten. Er ließ sich aber nicht beirren, packte eine Schreibmaschine, Zelt und Schlafsack ein und zog für die nächsten Monate nach Südfrankreich, wo er pausenlos geschrieben hat.

Vielleicht glaubst du jetzt schon zu wissen, wie diese Geschichte ausgegangen ist? Dass er gleich oder einige Jahre später vollkommen desillusioniert aufgegeben hat? Aber nein, es kam ganz anders. Er kehrte nach diesen Monaten zurück – mit seiner ersten Gedichtsammlung. Es fand sich auch gleich ein Verlag dafür. Und ich muss sagen, der Gedichtband war richtig gut. Ein Exemplar davon steht immer noch in meinem Bücherregal. In den folgenden Jahren schrieb er immer weiter, gab bislang über 50 sehr unterschiedliche Bücher heraus und wurde einer der wenigen norwegischen Lyriker, die so erfolgreich sind, dass sie tatsächlich von dieser Arbeit leben können. Sein Gefühl, von einer klassischen Schulbildung eher aufgehalten zu werden, hat für ihn durchaus gestimmt.

Ein magischer Raum

In meiner Vorstellung existiert irgendwo in diesem Universum ein magischer Raum. Dort hüpfen lauter Ideen, Gedanken und Sehnsüchte herum wie kleine Kugeln, die nur noch darauf warten, endlich entdeckt und mitgenommen zu werden.

Solche virtuellen Räume können wir dafür nutzen, uns über das Wesentliche in einer gerade entstehenden Vision klar zu werden. Dabei ist es ganz entscheidend, nicht zu logisch zu denken oder gar zu werten, sondern sich ganz spielerisch einer anderen Wahrnehmung zu überlassen.

Magst du es ausprobieren?

Übung: Raum der ungeborenen Ideen

Zuerst solltest du dir die Frage stellen: »Worum geht es mir wirklich in meiner Vorstellung des Herzensprojekts?« Rufe dabei aber keinesfalls zu viele Details zu deinem Projekt wach, denn es geht jetzt erst einmal nur um den Fokus deiner Gedanken und um das übergeordnete Wesen deiner Sehnsucht.

In dieser Übung beschreibe ich dir meinen Weg in diesen magischen Raum hinein. Das soll aber nur eine Anregung sein. Vielleicht ist dein magischer Raum an einer anderen Stelle besser zu finden.

In meiner Vorstellung müssen wir für diese Visualisierungsübung den irdischen Boden für eine Weile verlassen. Stelle dir vor, wie du ganz entspannt an einem schönen Sommertag den blauen Himmel betrachtest, an dem sich einzelne kleine, leichte Wolken befinden. Lass deine Aufmerksamkeit sanft zu einem solchen Wolkengebilde treiben und stelle dir vor, dort regelrecht hineinzugehen. Du bist umgeben von hauchdünnen Wolkenschleiern. Sie sind weißlich-grau, zarthellblau oder lila. Du kannst auf sie zugehen und ohne Mühe durch sie hindurchschreiten. Nun tauchen weitere Wolkenschleier auf, die du auch durchstreifst. Diesen Weg solltest du sehr langsam gehen. Manchmal musst du dich auch einige Stufen höherziehen lassen und dort weitere Wolkenschleier durchschreiten. Aber irgendwann betrittst du tatsächlich so etwas wie einen Raum und darfst dich darin umsehen. Hier ist es wichtig, sich viel Zeit zu lassen. Was hier geschieht, kannst du nicht bewusst steuern, sondern du musst deinem Unterbewusstsein und deiner Intuition etwas Spielraum gönnen.

Hier ist der Raum der noch ungeborenen Ideen- und Gedankenfragmente, die sich in meiner Vorstellung als Kugelformen mit Worten und Begriffen zeigen. Nicht immer zeigen sie sich sofort. Aber irgendwann fangen die leichten Kugelgebilde an, sich im Raum zu bewegen. Und manche signalisieren ein Gefühl, einen Wunsch, eine Aufforderung. Vielleicht sind Begriffe schon fast wie Namensschilder darauf geschrieben, oder sie vermitteln nur eine Ahnung von einem Gefühl. Manche schweben ganz leicht, fast wie Seifenblasen. Andere springen kräftig und so richtig mit Schwung, wie kleine Bälle. Sie sind unterschiedlich groß und haben verschiedene Formen und Farben.

Wenn du diesen Raum betrittst, stehst du inmitten der Kugeln und darfst sie eine Weile betrachten. Einige erscheinen nur ganz flüchtig, und du kannst sie nicht richtig »be-greifen«. Diese Wünsche und Ideen sind wohl noch nicht so weit, »mitgenommen« werden zu wollen. Andere hüpfen ganz fröhlich vor dir herum, als wollten

sie dir signalisieren: »Nimm mich, nimm mich.« Das Bild wechselt ununterbrochen, läuft vor deinem inneren Auge ab wie ein kleines Schauspiel.
Denk nicht darüber nach, was du dort wahrnimmst. Es muss nicht logisch sein. Auf gar keinen Fall solltest du es jetzt schon werten. Sammele nur, was hier gerade zu dir spricht.
Wenn es für dich ohne zu große Ablenkung von der Übung gut möglich sein sollte, dann schreibe während deiner Übung auf, was du wahrnimmst, damit du die einzelnen Fragmente nicht vergisst. Du kannst auch ein Aufnahmegerät bereithalten und dort die gesehenen Begriffe hineinsprechen oder alles erst nach der Übung schriftlich festhalten.

Karla L. hatte eine »spinnerte« Idee. Sie träumte davon, einen Tante-Emma-Laden in einem kleinen Stadtviertel zu betreiben. In ihrer Kindheit war ein solches Geschäft ein ganz wichtiger Alltagsanker. Dort trafen sich die Leute aus der Nachbarschaft, plauderten miteinander und kauften fast täglich dort etwas ein. Ein sozialer Treffpunkt, der gleichzeitig die Versorgung mit Lebensmitteln sicherstellte. Karla wusste aber, dass solche Läden heute kaum noch überlebensfähig sind, und hat deshalb alle Vorstellungen davon gleich wieder beiseitegeschoben. Zumal sie weder die finanzielle Grundlage eines solchen Projekts sicherstellen konnte noch zeitlich allein in der Lage war, die in dieser Branche üblichen langen Öffnungszeiten zu bewältigen.

Die Übung mit dem Raum für kreative Ideenfragmente machte sie aber mit, und ihre »Kugeln« zeigten sich sehr schnell und klar. Einige waren deutlich mit Begriffen beschriftet, andere waren begleitet von flüchtigen Ahnungen von Gefühlen und Sehnsüchten. Es zeigten sich »Wärme«, »Gemeinschaft«,

»Versorgt sein«, »Mal eben schnell«, »Nicht allein«, »Alltag«, »Gespräche«.

Alles ziemlich logisch für ihre Idee mit dem Tante-Emma-Laden. Beim Nachdenken über die wahrgenommenen Begriffe wurde Karla aber klar, dass es hierbei gar nicht unbedingt um einen Tante-Emma-Laden gehen muss, sondern dass diese Wünsche genauso gut – oder gar besser – zu anderen Projekten passen könnten. Rein zufällig hörte sie kurze Zeit später von einer Gruppe von Frauen, die ein Café aufmachen wollten und noch Leute suchten, die dieses Projekt mittragen wollten. Und es sollte nicht irgendein Café sein, sondern ein Raum mit ganz lockerer Atmosphäre, mit großen Tischen, so dass die Gäste auch leicht miteinander ins Gespräch kommen konnten, mit bezahlbaren Preisen, damit man öfter mal »einfach so« im Alltag reinschneien könnte, eine Kleinigkeit essen oder nur was trinken. Ein Raum für Begegnung, Kommunikation, ja, fast schon ein kleines zweites Zuhause für manche Menschen.

Alles in allem die perfekte Lösung für Karlas Herzenssehnsucht. Nun stand sie nicht mehr vor der Aufgabe, einen Laden ganz allein stemmen zu müssen, sondern konnte in einer größeren Gemeinschaft ihre ursprünglichen Ziele wahrscheinlich sogar besser erreichen.

Eine greifbare Vision entwickeln

Bevor du handfeste Pläne machen kannst, brauchst du Zeit zum Träumen. Damit meine ich so richtig »tag-träumen« oder »herumspinnen«. Ohne praktische Einschränkungen, kritische Stimmen oder realistische Einwände. Bevor etwas Neues in der Wirklichkeit entstehen kann, muss es seinen Anfang im

Denken und in den Gefühlen finden. Wir brauchen einen guten Platz für die Sehnsucht.

Übung: Die Wahrnehmung deiner Vision

Sorge für eine ungestörte Zeit und setze oder lege dich bequem hin. Mit geschlossenen Augen könnte die folgende Übung eventuell einfacher sein.

Stelle dir vor, alles, was du erreichen möchtest, wäre schon da. Unabhängig davon, ob diese Pläne dir wirklich realistisch erscheinen oder nicht. In deiner Vorstellung sind sie schon Wirklichkeit geworden.

Du kannst in diese neue Wirklichkeit hineingehen und sie dir anschauen. Wie sieht es dort aus? Was hörst du? Was riechst du? Was nimmst du sonst noch wahr? Versuche, alles so plastisch wie möglich aufzunehmen. Wie ist die Luft, die Temperatur? Gibt es Bäume oder Pflanzen? Nimmst du einen besonderen Raum wahr? Bist du allein oder von Menschen umgeben? Gibt es viele Menschen oder ist eine einzelne Person bei dir? Wo befinden sich die Menschen genau, was machen sie? Wie geht es dir dabei? Was tust du dort? Was ist deine Aufgabe? Was ist hier möglich?

Wenn dir diese Vorstellung jetzt noch nicht so gut gelingt, solltest du sie dennoch immer wieder ausprobieren. Du wirst sehen, mit der Zeit fällt es dir leichter, in eine immer plastischere Vorstellung zu gehen. Und von jetzt an solltest du diesen »Raum« deiner schon verwirklichten Vision regelmäßig besuchen. Dadurch verbindest du dich ständig neu damit und kannst darin auch Kraft schöpfen für die nächsten Aktivitäten. Dort spürst du, warum es sich lohnt.

Beispiel:

Anna J. wollte eine körpertherapeutische Praxis aufmachen. Bei ihrer Übung kam dieses Bild:
»Ich wusste gleich, wo sich mein Traum befindet. Es war ganz schnell vor meinem inneren Auge greifbar. Ein mittelgroßer Raum mit gelb gestrichenen Wänden und leichten weißen Vorhängen mit Blick hinaus auf große Bäume. Der Raum strahlte eine große Ruhe aus. In der Mitte standen eine bequeme Behandlungsliege und ein Hocker für mich daneben. Auf der Liege lagen farblich abgestimmte, weiche Decken und ein Kissen. Nur wenige Gegenstände schmückten den Raum, aber alle waren meinem Herzen besonders nah, weil ich sie mit besonderen Situationen oder Empfindungen verband. In einer Ecke standen zwei bequeme Sessel und ein Tisch mit einer brennenden Kerze.
Als ich mir vorstellte, wie ich mich jetzt schon in diesem Raum befand, ging es mir so gut wie selten. Ich war ganz gelassen und zuversichtlich. Eine Klientin kam lächelnd herein und sprach sehr offen und vertrauensvoll mit mir, bevor sie sich für die körperliche Behandlung auf die Liege legte. Während der Behandlung wusste ich immer, was ich als Nächstes tun musste, damit es meiner Klientin wirklich gut ging und ihre Beschwerden gelindert werden konnten.
Ich war so richtig zu Hause und an der richtigen Stelle in meinem Leben. Diese Art, mit Menschen zu arbeiten, gab meinem Leben einen neuen Sinn und machte mir große Freude. Ein Gefühl von tiefer Dankbarkeit breitete sich in mir aus.«

Für wen soll dein Projekt sein?

Bestimmt hast du schon eine ungefähre Vorstellung davon, welche Menschen du mit deinem neuen Projekt erreichen möchtest, wer deine sogenannte Zielgruppe ist. Ganz entscheidend ist dabei aber, dass diese Vorstellung nicht vage bleibt, sondern du dir ganz deutlich klarmachst, wen du eigentlich ansprechen möchtest, für wen du dieses Angebot schaffst. Nicht um andere Möglichkeiten auszuschließen, sondern um deinen aktuellen Fokus präziser herauszustellen. Eine große Klarheit in dieser Frage entfaltet eine mächtige Sogwirkung. Wenn du genau weißt, zu wem du innerlich gerade sprichst, wen du einlädtst, werden genau solche Menschen auf unterschiedlichste Weise von dir angezogen. Wie so etwas funktioniert, müssen wir nicht immer verstehen. Hauptsache, es wirkt ...

Um in diesem Punkt eine größere Klarheit zu gewinnen, kannst du verschiedene Wege gehen. Wahrscheinlich wird sogar eine Mischung dieser unterschiedlichen Möglichkeiten für dich sinnvoll sein.

Übungen: Deine Zielgruppe finden

Möglichkeit 1:

Du kannst dich in Ruhe hinsetzen und schriftlich einige Eigenschaften der Personen festhalten, die du erreichen möchtest.

Welche Menschen stellst du dir vor? Sind es Frauen oder Männer? Junge oder alte Menschen? Wo leben sie? Womit beschäftigen sie sich? Was brauchen sie? Was ist ihre Motivation, gerade zu dir und deinem Projekt zu kommen?

Diese Liste kann natürlich mit der Zeit ergänzt oder verändert werden.

Möglichkeit 2:
Du stellst dir gedanklich einen einzelnen absoluten Lieblingskunden vor, der als richtige Persönlichkeit mit all seinen Eigenschaften und Sehnsüchten vor deinem inneren Auge erscheint. Und mit dieser Person wirst du später immer wieder geistig in Kontakt treten und Fragen und Bedürfnisse klären.

Möglichkeit 3:
Du selbst bist deine beste Zielgruppe. Natürlich sollst du nicht dein realer Kunde werden, das würde ja keinen Sinn ergeben. Aber du weißt ganz genau, was du brauchst, was du suchst, welche Sehnsüchte und Bedürfnisse du hast. Es ist nicht der schlechteste Weg, ein Angebot so zu gestalten, dass es genau das anbietet, was du dir immer schon gewünscht hast oder immer noch wünschst. Denn die Wahrscheinlichkeit ist groß, dass andere Menschen genau die gleichen Bedürfnisse haben.
Bei meinen vielen Seminarangeboten fahre ich damit am allerbesten. Wenn ich ein neues Thema entwickele, frage ich zuallererst mich, worauf ich denn gerade total viel Lust hätte. Was bewegt mich zurzeit? Worüber würde ich gerne mehr wissen und in welches Thema würde ich tiefer einsteigen wollen? Und siehe da, in den meisten Fällen zeigen die Anmeldungen und die Rückmeldungen, dass es genau das Thema ist, das auch sehr viele andere Menschen gerade beschäftigt.

Möglichkeit 4:

Es gibt aber auch noch eine weitere Variante, bei der unser bewusstes Denken ein wenig in den Hintergrund geschoben werden darf. Denn unsere Logik und unsere Reflexionsfähigkeit sind nicht immer die besten Berater. Möchtest du mit mir ein kleines Experiment machen? Dafür brauchst du wieder einmal einen ungestörten Moment. Stelle dir vor, wie du auf einem kleinen Weg durch eine fremde Gegend wanderst. Hinter einem Hügel taucht ein ganz altes, schon fast herrschaftliches Anwesen vor deinen Augen auf. Offenbar ist es im Moment nicht bewohnt. Die große Eingangstür steht aber offen, so dass du eintreten kannst. Zuerst betrittst du eine große Empfangshalle, von der viele einzelne Türen abgehen. Wähle eine dieser Türen und gehe hindurch. Dahinter entdeckst du einen langen Korridor mit weiteren Türen auf beiden Seiten. Schlendere diesen Gang entlang, so lange wie du magst, und warte, bis du dich von einer bestimmten Tür besonders angezogen fühlst. In deinem Inneren weißt du jetzt, dass die Menschen, die du mit deinem Herzensprojekt ansprechen möchtest, sich in dem Raum hinter dieser Tür befinden. Dann öffnest du diese Tür behutsam. Lass dich überraschen, wen du dort vorfindest. Es kann sein, dass es andere sind, als du erwartet hast.

Ist es eine Menschengruppe oder siehst du einzelne Personen? Wie alt sind sie? Sind es Frauen oder Männer? Haben sie besondere Fragen oder Bedürfnisse? Gibt es ein gemeinsames Thema?

Sandra K. träumte von einer eigenen Yogaschule mit einem eher therapeutischen Schwerpunkt. Es sollten besonders Menschen angesprochen werden, die einen körperlichen Leidensweg hinter sich oder noch zu gehen hatten. Da Sandra selbst vor einigen Jahren eine Krebsdiagnose bekommen hatte, wusste sie um die Veränderungen im Verhältnis zum eigenen Körper, um die Schwächephasen und Schmerzzustände in einer solchen Situation. Für solche Menschen wollte sie ein sanftes Bewegungs- und Körperwahrnehmungsangebot machen.

Als sie die obenstehende Übung machte, erschienen im Raum hinter der ausgewählten Tür ganz viele erwachsene Menschen, die meisten davon waren Frauen. Doch es waren auch viele Kinder im Raum. Einige sehr lebhaft, andere eher erschöpft und still. Sie schauten Sandra erwartungsvoll an. Und auf einmal wusste sie, dass sie zusätzlich einige Angebote für Kinder machen sollte – vielleicht für Kinder, die gerade mit körperlichen oder emotionalen Herausforderungen zu kämpfen hätten. Sie hatte ja schon immer einen guten Draht zu Kindern gehabt. Und ihr fiel ein, dass sie darüber mit einer Bekannten reden könnte, die in einer Reha-Einrichtung für Kinder und Jugendliche arbeitet.

Was möchtest du bei deinen Kunden bewirken?

Diese Frage ist ganz entscheidend, denn es geht immer auch um deine Kunden, nicht nur um dich. Wenn du nicht die Bedürfnisse und Sehnsüchte deiner (zukünftigen) Kunden im Blick hast, werden deine Aktivitäten eher ein Hobby für dich bleiben. Was natürlich absolut in Ordnung ist, aber dann fallen viele der hier beschriebenen Wege weg.

Ganz gleich in welcher Branche du unterwegs sein wirst, du wirst immer eine Beziehung mit deinen Kunden eingehen. In den seltensten Fällen kannst du ganz nüchtern und unpersönlich nur Produkte verkaufen.

Und dennoch kommt es sehr häufig vor, dass die Bedürfnisse der Kunden nicht wirklich beachtet werden. Deine potenziellen Kunden interessieren sich in erster Linie nicht dafür, was DU gerne in deinem beruflichen Leben machen möchtest. Das ist ja auch ganz logisch. Sie interessieren sich nur dafür, was sie bei dir für sich selbst entdecken können, was sie bei dir bekommen. Werden sie etwas Neues lernen und danach etwas können, was sie vorher nicht konnten? Werden sie sich einfach nur gut fühlen – entspannt, ruhig, gesättigt? Gewinnen sie Mut oder Klarheit? Geht irgendetwas danach einfacher? Bekommen sie Produkte, die sie glücklicher oder ihr Leben leichter machen? Werden sie sich dabei oder danach anders fühlen?

Die eigene Kreativität entdecken

Ich dachte immer, ich hätte keine künstlerische Begabung. Und dennoch hat es mich ein Leben lang gelockt, etwas mit Farben und Formen zu gestalten. Aber wie sollte das gehen – so ganz ohne Talent?

In einem Kurs im Malatelier von Tina Stein wagte ich vor vielen Jahren einen Versuch. Und staunte mit der Zeit, was alles in mir steckt. Und dass es gar nicht darum geht, dass ich etwas realitätsgetreu abbilden kann, sondern dass Formen und Farben aus mir herausfließen dürfen, dass ich in ein Gespräch mit den Bildern eintreten kann. Tina schafft es immer wieder, ihren Schülern neue Methoden und Gestaltungsexperimente so vorzustellen, dass ich ganz neue Seiten in mir entdecke. Und es ist schon faszinierend, wie genau sie meine inneren Prozesse wahrnimmt, so dass sie mir immer sagen kann, wo ich gerade feststecke oder was jetzt ansteht. So entstehen Bilder, die wirklich zu mir gehören. Es geht überhaupt nicht darum, ob etwas schön gestaltet wird oder eine Aufgabe »richtig« gelöst wurde. Es darf immer nur »meins« sein – ein Ausdruck meiner Gedanken und meiner Persönlichkeit. Natürlich geht es dabei auch um Technik, Methoden und Fachwissen. Aber immer nur als Begleitung dessen, was aus mir heraus entstehen möchte.

Und noch etwas fällt mir bei dieser Lehrerin besonders auf. Alles, was sie ihren Schülern sagt, ist voller Wertschätzung. Es ist immer in Ordnung, dass du gerade dort stehst, wo du stehst. Und sie zeigt dir, wie du von dort weitergehen kannst. Nie bekommt man das Gefühl, in irgendeiner Hinsicht unfähig zu sein.

Vielleicht wird aus dieser persönlichen Geschichte klar, wie sehr es darum geht, dass der Kunde etwas für sich gewinnt – Neues lernen, etwas erfahren oder Interessantes entdecken. Oder sich als Gast einfach willkommen fühlen. Leider ist das nicht immer im Fokus der Anbieter.

Nathalie K. hatte ein kleines Geschäft mit ausgefallenen Designerkleidern eröffnet. Einige Bekannte waren gleich ganz begeistert von dem ausgefallenen Konzept und haben sich gern dort umgeschaut. Aber fast alle berichteten danach, dass sie sich eher als Störfaktoren als wirklich willkommen gefühlt hatten. Eine formulierte es sogar so: »Ich hatte das Gefühl, dass ich es nicht wert war, ihre edlen Kleidungsstücke anzufassen oder gar anzuprobieren. Sie will wohl eher ganz andere Kunden ansprechen, als ich es bin.«

Es kann aber auch anders laufen:

Carla P. betreibt ein kleines Restaurant. Wir wollten dort spontan essen, aber alle Tische waren besetzt. Wir haben uns deshalb noch ein wenig an der Theke aufgehalten, in der

Hoffnung, dass bald ein Tisch frei wird. Das hat allerdings länger gedauert. Doch Carla hatte die Situation voll im Blick, und bevor wir womöglich genervt wieder gegangen wären, hatte sie uns ein paar kleine Häppchen zur Überbrückung der Wartezeit hingestellt und einige freundliche Worte mit uns gewechselt. Allein schon das Gefühl, dass sie uns beachtet und uns gezeigt hat, dass wir willkommen waren, hat uns bewogen, auch eine längere Wartezeit in Kauf zu nehmen.

Übung: Was sagen deine Fans?

Stell dir vor, wie einige überschwängliche Fans von deinem zukünftigen Projekt berichten, was sie bei dir erlebt oder erreicht haben. Hörst du, welche Sätze sie sagen? Welche Worte benutzen sie, wenn sie die Begegnung mit dir und deinem Projekt beschreiben? Lass sie ruhig richtig schwärmen und Begriffe benutzen, die dir vielleicht sogar die Röte ins Gesicht treiben.

Klarheit gewinnen:

- Was möchtest du für deine späteren Kunden bewirken?
- Welche Gefühle möchtest du in ihnen auslösen?
- Was erreichen oder gewinnen sie mit deiner Hilfe oder deinen Produkten?

Teil II:
Reifezeit

Hilfreiche persönliche Eigenschaften

Wer bist du denn schon?

Merkst du, dass du diese Frage auf zweierlei Arten lesen kannst? Wer bist DU denn schon? Und: Wer BIST du denn schon?

Diese Unterscheidung ist jedoch essenziell, denn die erste Fragenvariante hindert uns daran, uns klar und frei zu betrachten. Da melden sich die anerzogenen Selbstzweifel. Um diese werden wir uns an ganz anderer Stelle in diesem Buch kümmern und sie in diesem Kapitel deshalb bewusst für eine Weile außer Acht lassen. Wir schauen uns jetzt hier erst mal an, wer du BIST. Welche Eigenschaften gehören einfach zu deiner Person, wer warst du schon immer und zu wem bist du mittlerweile geworden?

Hierzu habe ich einige kleine Reflexionsübungen für dich:

Übung: Dein Wesenskern

1. Beschreibe dich als Kind zwischen fünf und zehn Jahren. Wie warst du? Was hast du richtig gern gemacht? Worüber hast du Zeit und Ort vergessen? Wie haben dich andere als Kind beschrieben?
2. Was kannst du einfach nicht lassen? Was würdest du in deinem Leben immer tun, vollkommen unabhängig von Erfolg oder Geld? Was würdest du tun, wenn du keinerlei Bedenken oder Zweifel hättest?

3. Was sagen andere Leute häufiger über dich und deine Eigenschaften? Sei wirklich ehrlich, wenn du diese Frage beantwortest. Auch wenn die Leute es dir vielleicht nicht direkt gesagt haben, was glaubst du, würden sie sagen? Wer bist du? Was kannst du so richtig gut? Was unterscheidet dich von anderen? Bist du zum Beispiel besonders bodenständig, zuverlässig, ausdauernd, zäh, quirlig, begeisterungsfähig, draufgängerisch, mutig oder lustig?

Übung: Schatzsuche

Vielleicht möchtest du sogar eine Stufe höherklettern in der Wahrnehmung deiner Fähigkeiten und Eigenschaften? Dann lass uns nach deinen verborgenen »Juwelen« graben. »Welche Juwelen?«, fragst du jetzt vielleicht. »Ich habe vielleicht ein paar nette Eigenschaften, mehr aber nicht.« Doch, ich bestehe darauf. In dir gibt es wirkliche Juwelen, ja, sogar eine ganz besondere Mischung von Edelsteinen, die ganz einmalig nur in dir vorzufinden ist. Niemand anders hat genau diese Mischung. Damit du diese Juwelen aber auch findest und als solche erkennst, kannst du dich auf eine besondere Art der Schatzsuche begeben. Setze dich an einem ruhigen Ort hin und schließe die Augen. Stelle dir vor, dass du vor einem alten, verwunschenen Schloss stehst. Du gehst eine breite Eingangstreppe hoch und öffnest die große, schwere Tür. Von der großzügigen Eingangshalle gehen lange Gänge ab, in jedem befinden sich viele Türen. Streife eine Weile durch diese Gänge und schau dir die einzelnen Türen an, ohne sie zu öffnen. Irgendwann entdeckst du eine Tür, die dich irgendwie besonders anlockt. Diese öffnest du und be-

trittst den Raum dahinter. Schau dich um, wie es hier aussieht. Was befindet sich hier? Wie ist die Einrichtung? Wie fällt das Licht? Wie fühlst du dich in diesem Raum? Dann entdeckst du drei kleine Kisten oder größere Truhen in diesem Raum. Schau sie dir genau an. Sind sie eher schlicht oder aufwendig gestaltet? Aus welchem Material bestehen sie?
Mache jetzt die Kisten oder Truhen nacheinander auf. In jeder befinden sich Aussagen über dich und deine ganz besonderen Eigenschaften. Lauter Worte, Gefühle, Erkenntnisse oder Tatsachen, die du so noch nie über dich gehört hast und die dir auch nie in den Sinn gekommen sind, die du noch nie von dieser Seite betrachtet hast. Lass zu, dass du von deinen Entdeckungen vielleicht sogar überwältigt bist. Hier ist kein Raum für Bescheidenheit. Denn du öffnest gerade Schatzkisten voller Juwelen. Das ist nicht alltäglich.
Bedanke dich anschließend für alles, was du entdecken durftest, und verlasse den Raum wieder. Und rede mit niemandem darüber. Diese Schatzkisten sind nur für dich gedacht.

Was kannst du nicht so gut?

Lass uns aber auch einen Blick auf die unangenehmen Seiten werfen. Welche Eigenschaften hast du, die den anstehenden Weg etwas erschweren könnten? Diese Fragen dienen nicht dazu, dich kleinzumachen oder zu verunsichern, sondern dich so klar zu sehen, dass ungünstige Eigenschaften sich nicht zu ernstzunehmenden Stolpersteinen entwickeln.

Ich provoziere dich jetzt mal ein klein wenig. Bist du zum Beispiel manchmal eher unzuverlässig? Fehlt es dir an Ausdauer und Konsequenz? Lässt du dich schnell von irgendetwas ablenken? Bist du gar ein etwas bequemer Mensch, der lieber auf dem Sofa von etwas träumt, als die Arbeit wirklich anzupacken? Hüpfst du gerne von Idee zu Idee, ohne dranzubleiben, ohne wirklich in die Tiefe zu gehen?

Welche Seiten von dir könnten in deinem Projekt problematisch werden?

Vielleicht magst du einige dieser Eigenschaften schriftlich festhalten, ohne sie zu bewerten.

Gibt es auch praktische Fähigkeiten, die du brauchen wirst, aber effektiv noch nicht beherrschst?

Dann hast du zwei Möglichkeiten. Du kannst diese Aufgaben delegieren an Fachleute oder andere Menschen, die diese Tätigkeiten besser beherrschen. Das ist am Anfang natürlich auch eine finanzielle Frage. Oder du kannst klar erkennen, was du in nächster Zeit wirst lernen müssen. Beispielsweise dich mit Vermarktung oder Buchhaltung und Steuern zu beschäftigen.

Schnell, aber kurz

Manche Menschen lernen etwas rasend schnell, sind ungeheuer begeistert und haben jetzt gerade DAS Thema für ihr Leben gefunden.

Dieser Menschentyp ist immer wieder in meinen Seminaren. Für eine Seminarleiterin sind sie oft beflügelnd, weil man sich von ihrer Begeisterung ein Stück mitreißen lässt. Aber sie haben eine Tücke. Je schneller sie starten und je höher sie fliegen, umso schneller geht es wieder in die Tiefe. Dann haben sie das Interesse verloren. Sie halten nicht durch und werden nie wirklich gut in dem, was sie tun. Es bleibt auf der oberflächlichen, schnell angeeigneten Ebene. Für Nuancen und das Farbenspiel haben sie keine Zeit und keine Geduld. Für mich als Lehrerin ist es immer wieder eine traurige Situation, wenn begabte Menschen es nicht schaffen, dauerhaft an einem Thema dranzubleiben.

Für Berufe, in denen man tiefes Können über längere Zeit entwickeln muss, sind »Kurzstreckenläufer« nicht optimal geeignet. Es ist aber nicht grundsätzlich schlimm, ein »Senkrechtstarter« oder »Kurzstreckenläufer« zu sein. Du solltest es nur wissen, weil du deine Ideen dann gleich zu Beginn einer Realitätsprüfung unterziehen solltest. Die Idee eines Ladens mit Öffnungszeiten von 10 bis 20 Uhr an sechs Tagen in der Woche ist dann eher nichts für dich. Projekte, die dir immer wieder Neues abverlangen, in denen du sehr kreativ und flexibel sein kannst, könnten besser passen. Alles erfordert zwar irgendwann auch Ausdauer, aber sehr abwechslungsreiche Arbeiten geben dir neuen Atem. Es kann sogar sein, dass du als »Kurzstreckenläufer« dein ganz besonderes Talent entdeckst.

Brigitte hat in ihrem Leben schon mehrere berufliche Neustarts hinter sich. Interessanterweise in den unterschiedlichsten Berufen. Mal hat sie eine therapeutische Praxis gestartet, ein Café geführt oder ein Geschäft aufgemacht. Das Positive daran war, dass sie immer Erfolg hatte. Ihre Firmen liefen grundsätzlich mehr als gut. Sie war voller Herzblut dabei, hatte sich für die jeweiligen Arbeitsbereiche viel Wissen und Können angeeignet und konnte Mitarbeiter sehr gut motivieren und führen. Allerdings gab es einen großen Haken bei all diesen Unternehmungen. Nach drei bis vier Jahren verlor sie prinzipiell das Interesse. Es fing an, sie zu langweilen, und sie träumte bereits von anderen Möglichkeiten zu arbeiten und zu leben.

Menschen mit Brigittes Talenten sind nicht grundsätzlich ungeeignet, weil sie nicht durchhalten. Sie sollten nur besser erkennen, was sie wirklich gut können. Brigitte hätte zum Beispiel weniger mit sich hadern müssen, wenn sie ihren Fokus gleich auf erfolgreiche Neugründungen gerichtet hätte, mit dem Ziel, diese nach einigen Jahren in andere Hände zu übergeben. Das ist durchaus ein interessantes Geschäftsmodell, denn es gibt genügend andere Menschen, die nicht gut darin sind, etwas aufzubauen oder tolle Ideen zu entwickeln, die aber die Ausdauer und die Treue haben, solche Geschäfte über Jahrzehnte fortzuführen.

Schattenseiten gehören immer dazu

Unabhängig davon, was du nun wirklich gut kannst oder nicht gut kannst, gibt es in jedem Projekt zwangsläufig auch Schattenseiten, die man nicht wegzaubern kann. Man kann kein Restaurant aufmachen, wenn man nicht bereit ist, auch mal Berge von Kartoffeln zu schälen oder einen Putzlappen in die Hand zu nehmen.

Deshalb frage dich: Welche Aufgaben gehören zwangsläufig auch zu deinem Projekt?

Es werden immer unangenehme Dinge dabei sein, und sei es die Buchhaltung, und eine Putzhilfe wirst du dir auch nicht gleich erlauben können. Bist du bereit, die dazugehörende Arbeit auch zu TUN? Vielleicht machst du dir sogar eine Liste der voraussichtlichen unangenehmen Aufgaben, damit du dich innerlich darauf einstellen kannst.

In meinem eigenen Umfeld gibt es immer wieder Menschen, die etwas neidisch sind auf die Art und Weise, wie ich arbeite und lebe. Sie hören von den vielen Seminaren und Reisen in interessante Städte, von Begegnungen mit tollen Menschen, und oft gibt es Reaktionen darauf wie von dieser Kollegin:

»Weißt du, sowas würde ich ja auch gern machen. Ich hätte mehr als genug Wissen dafür. Und ich glaube, ich kann auch gut unterrichten.«

Nun kenne ich allerdings diese Kollegin gut genug, um zu wissen, dass sie nie die Ausdauer hätte, sich langsam, aber sicher einen Kundenstamm aufzubauen und zu pflegen, sich in die manchmal sehr langweiligen Themen wie Programme für Newsletter, Marketing, Suchmaschinenoptimierung, kontinuierliches Netzwerken etc. einzuarbeiten und schon gar nicht, dranzubleiben. Eigentlich ist sie auch nicht der Typ für lange, einsame Abende in anonymen Hotels oder stundenlange Bahnreisen. Sie fände es schick, in Seminaren vor vielen Menschen zu stehen, aber all die damit verbundene Arbeit wäre so ganz und gar nicht ihr Ding.

Nüchterne Fakten

In der Planung darf natürlich auch nicht vergessen werden, dass einige nüchterne Fakten mit einkalkuliert werden müssen. Du wirst dich mit Themen wie Einkommenssteuer, Umsatz- und eventuell Gewerbesteuer, Kranken- und Rentenversicherung, Haftpflichtversicherung u.v.m. auseinandersetzen müssen. Hierzu geben Gründerseminare detaillierter Auskunft. Sinnvoll ist fast immer auch eine persönliche Beratung im Vorfeld (IHK, Steuerberater, Handwerkskammer, Wirtschaftsministerium o.ä.), damit du nicht durch Unwissenheit in finanzielle Schwierigkeiten gerätst.

Zu den nüchternen Fakten gehört auch eine genaue Prüfung deiner Finanzen. Wie viele Reserven hast du? Gibt es die Möglichkeit, ein Gründerdarlehen zu bekommen? Gibt es Fördermaßnahmen? Was wirst du investieren müssen? Wie lange kannst du dich ohne nennenswerte Einnahmen in der Startphase über Wasser halten?

Wie viel Sicherheit brauchst du als Person? Falls du zu den Menschen gehörst, denen starke Umsatzschwankungen schnell schlaflose Nächte bereiten, ist vielleicht eine Teilzeitstelle mit einem sicheren Grundeinkommen die bessere Alternative in der Startphase.

Bist du durch Partner oder Familie abgesichert? Hast du dann auch die möglichen Entwicklungen und Folgen mit ihnen klar abgesprochen?

Wie sehr bist du bereit, dich eventuell finanziell stark einzuschränken, bis dein Projekt auf soliden Füßen steht? Welchen »Preis« bist du bereit zu zahlen?

Neue Seiten in dir entdecken

Nicht alles musst du schon können oder sein. Du kannst noch vieles werden. Du kannst sogar Eigenschaften entwickeln, die dir heute fast unmöglich oder gar unerreichbar vorkommen.

Klarheit gewinnen:

- Hast du eine Person als Vorbild für dein Projekt? Auch wenn ihre Aktivitäten vielleicht nicht genau auf dein Projekt passen, könnte ihre Einstellung oder ihr Feuer für dich ein Vorbild sein.
- Was kann diese Person, was du noch nicht kannst?

- Wie könntest du dir einiges davon aneignen?
- Musst du etwas Neues lernen oder eher etwas wagen?

Nicht immer musst du den ganz großen Schritt machen, sondern du kannst mit kleinen Übungsschritten beginnen.

Cornelia gehörte zu den vielen Menschen, die »irgendwann« ein Buch schreiben wollten. Sie hatte eine besondere Bewegungstherapie gelernt, dazu auch Kurse entwickelt und mit einigen eigenen Neuentwicklungen ergänzt. Schon so lange sprach sie jetzt von diesem Buch, fing aber nie wirklich an zu schreiben. In einer Beratungsstunde gab ich ihr den Rat, doch mit ganz kleinen Schreibaktivitäten zu beginnen. Sie könnte ja beispielsweise erst einmal die Übungen für ihre Kursteilnehmer und Klienten schriftlich festhalten, damit diese danach leichter zu Hause üben könnten. Die Übungen könnten dann später mit etwas Hintergrundinformation und Fachwissen ergänzt werden. Die Idee schien ihr sehr verlockend, und sie machte sich gleich an die Arbeit. Nach wenigen Wochen berichtete sie, dass es ja gar nicht so einfach sei, die Übungen, die sie sonst körperlich zeigen würde, in Worte zu fassen. Genauso wenig, wie ihr Fachwissen in wirklich lesbare und gut verständliche Texte zu packen. Über die Monate konnte sie sich aber recht gut an diese neue Art der Vermittlung gewöhnen und hat mit der Zeit einen ganz soliden Grundstock für ein späteres Buch erarbeitet.

Checkliste deiner Eigenschaften

Vielleicht magst du eine Liste über deine besonderen Eigenschaften und Fähigkeiten zusammenstellen?

Hier findest du einige Anregungen, die du natürlich unbedingt mit all den Begriffen ergänzen sollst, die für dich auch noch dazugehören.

Kannst du …

- kreativ sein und Neues schaffen
- gut mit Menschen umgehen
- praktische oder handwerkliche Dinge tun
- anderen etwas erklären
- planen
- organisieren
- unterrichten
- den Überblick behalten
- kommunizieren und in Austausch gehen
- Details beachten
- Interesse wecken
- schreiben
- anderen Mut machen
- andere beraten
- mit Zahlen umgehen
- etwas für andere tun, für andere sorgen
- Dinge verändern
- verbindlich und zuverlässig sein
- reden
- verkaufen
- Geschichten erzählen
- eine schöne Atmosphäre schaffen
- Information und Wissen zusammentragen und für andere aufbereiten
- mit anderen zusammen etwas tun
- Sicherheit und Ruhe ausstrahlen

- Vertrauen erwecken
- Gruppen oder Teams leiten
- Dinge besprechen und diskutieren
- Entscheidungen treffen
- trotz Schwierigkeiten dranbleiben
- unterhalten
- begeistern
- überzeugen
- inspirieren

... und was kannst du noch?

Was macht Sinn für dich?

Warum tust du es?

Es geht in unseren Herzensprojekten selten ausschließlich um pragmatische Angebote, wie beispielsweise, was die Kunden konkret in deinem Geschäft kaufen können und was diese Produkte alles bieten. Natürlich geht es auch darum, aber es muss meist noch etwas hinzukommen, sonst ist es ein reiner Zufall, ob die Kunden gerade bei dir einkaufen.

Denn Kunden wollen meist ein Gefühl dafür bekommen, warum du etwas tust.* Natürlich wollen sie das eher unbewusst, denn in den seltensten Fällen stellen sie dir wirklich diese Frage. Sie kaufen nicht nur, WAS du tust, sondern auch WARUM du es tust. Die Frage nach dem »warum« ist eng verwoben mit deinen Werten – mit den Leitsternen, die dir den Weg zeigen.

Manche Manager behaupten sogar, um wirklich großartig zu sein, müsse eine Firma eine Religion haben. Natürlich muss deinem Projekt keine Religion im klassischen Sinne zugrunde liegen. Aber in deinem Projekt sollte sehr deutlich spürbar werden, woran du glaubst. Denn dadurch vermittelst du die Werte deines Projekts. Und diese ziehen Menschen an, die die gleichen Werte haben oder haben wollen. Die genau diesen Sinn auch in ihrem Leben suchen.

* Sinek, Simon: *Frag immer erst: warum*. Redline Verlag, München 2014

Klarheit gewinnen:

- Was gibt deinem Leben und deiner Arbeit wirklich Sinn?

Und Sinn bedeutet hier nicht Zweck, sondern etwas, wo dein Herz sich hingezogen fühlt. Etwas ganz Eigenes für dich, was dich tief berührt und bewegt.

- Willst du Menschen zusammenbringen, willst du sie glücklich machen?
- Sollen sie ihren eigenen Sinn finden?
- Oder Frieden und Geborgenheit?
- Willst du mehr Menschlichkeit möglich machen?
- Macht dein Angebot die Welt ein wenig besser und heller, bunter und glücklicher?
- Welche neuen Werte schafft dein Projekt – für dich und für deine Kunden?
- Macht es dich persönlich glücklicher?
- Ist dein Angebot wirklich authentisch oder gar wahrhaftig?
- Wage ruhig etwas »größere« und »inhaltsschwere« Worte, wenn du über dieses Thema nachdenkst, denn so kann es deutlicher werden.

Deine Werte gehören zu den Grundpfeilern deiner Persönlichkeit. Sie sind manchmal schwer von Eigenschaften zu unterscheiden, haben aber ein größeres Gewicht. Du merkst den Unterschied daran, dass sich alles in dir sträubt, deine Werte aufzugeben.

Werte können zum Beispiel sein: Freiheit, Unabhängigkeit, Vertrauen, Loyalität, Fürsorglichkeit und Mitgefühl, Ehrlichkeit, Sicherheit, Fleiß und Disziplin, Beharrlichkeit und Ausdauer, Glaubwürdigkeit, Gerechtigkeit und Rücksichtnahme, Solidarität, Unbestechlichkeit, Feinfühligkeit, Schönheit,

Ausgewogenheit, Nachhaltigkeit, Bescheidenheit und Demut, Geduld, Gelassenheit, Begeisterung und Freude, Besonnenheit, Reflexionsfähigkeit, Flexibilität, Effektivität, Dankbarkeit, Authentizität und Integrität, Pragmatismus und Realismus, Pflichtgefühl, Tradition, Verantwortung, Optimismus und Zuversicht, Offenheit, Transparenz, Respekt, Würde, Frieden, Harmonie, Großzügigkeit, Leichtigkeit, Nähe, Zugehörigkeit, Ordnungssinn, Sorgfalt, Humor und Spaß, Kreativität und Innovation, Zuverlässigkeit. Und natürlich unendlich viel mehr.

Zuverlässigkeit und Verbindlichkeit

In meiner Arbeit als Seminarleiterin ist es für mich eine Selbstverständlichkeit, keine Mühe zu scheuen, um geplante und zugesagte Seminartermine durchzuführen. Dann kann es schon mal vorkommen, dass ich alles andere als gesund bin und dennoch eine weite Reise auf mich nehme. Wenn allerdings manche angemeldeten Seminarteilnehmer – ohne krank zu sein oder andere wirklich glaubwürdige Entschuldigungen vorzubringen – mehr als kurzfristig absagen, ist etwas in mir zutiefst verstört. Natürlich sichere ich mich in solchen Fällen praktisch ab. Es gibt Stornierungsbedingungen mit anfallenden Kosten. Und dennoch verletzt eine solche Unverbindlichkeit mein inneres Wertesystem.

Das geht gar nicht

Deine Werte werden oft erst klar, wenn du dir die andere Seite davon anschaust. Und zwar die Dinge, die du unter keinen Umständen machen würdest. Weil sonst in der Tiefe deiner Seele etwas laut »Nein!« rufen würde. Etwas, das für dich nicht verhandelbar ist.

Es würde alles verletzen, was dir heilig ist. Du würdest deine ganz essenzielle Integrität verlieren. Du würdest dich selbst nicht mehr im Spiegel anschauen können, würdest dich vielleicht für immer schämen.

Beispielsweise so richtig übertrieben prahlen, dich viel besser darstellen, als du wirklich bist; in der Öffentlichkeit bewusst eine große Lüge erzählen; jemanden ungerechtfertigt angreifen, um selbst einen Vorteil davon zu haben; bewusst auf deine innere Wahrhaftigkeit verzichten; jemanden betrügen oder anlügen.

Wertewandel

Deine Werte sind nicht ein Leben lang gleich. Vielleicht gab es früher Werte, die damals stimmig waren, die aber für dich heute nicht mehr im gleichen Maße eine Rolle spielen. Geld und Sicherheit haben vielleicht eine größere Rolle gespielt in den Jahren, in denen man als erwachsener Mensch ein berufliches und familiäres Leben aufgebaut hat. Jetzt gibt es vielleicht schon finanzielle Rücklagen, oder das Thema Sicherheit ist hinter die große Sinnfrage gerückt.

Abgesehen davon, dass du dich als Person weiterentwickelt hast und jetzt im wahrsten Sinne des Wortes auf andere Dinge »Wert« legst.

Wer eine große Lebenskrise hinter sich hat, ob durch persönliche Erfahrungen oder gar durch eine lebensbedrohliche Krankheit, geht daraus in der Regel als ein Mensch mit neuen Werten hervor. Was früher wichtig war, hat an Bedeutung verloren, dafür sind nun ganz andere Dinge und Werte in den Vordergrund gerückt.

Übung: Deine Werte definieren

Die Frage nach deinen Werten ist so zentral, dass du sie wirklich regelmäßig neu und bewusst beantworten solltest. Mindestens einmal im Jahr oder gar häufiger. So kannst du immer wieder überprüfen, ob dein Kurs noch stimmig ist.

Lege dir zwei leere Blätter hin. Auf das eine Blatt schreibst du deine ganz persönlichen Werte. Alle Eigenschaften und Verhaltensweisen, auf die du nicht verzichten möchtest.

Und auf das andere Blatt kommen deine absoluten No-Gos, alles, was für dich nicht geht.

Es können ganz große, bedeutende Werte sein oder ganz kleine praktische Dinge.

Eine innere Klärung

Sind deine Pläne schon reif genug?

Manche Ideen sind noch nicht reif und brauchen etwas mehr Zeit, bis sie das Licht der Welt erblicken können. Manchmal brauchen Träume erst einmal einen Raum, in dem sie ungestört wachsen können. Du kannst sie dort gelegentlich besuchen, dich an ihnen erfreuen, es ist aber noch nicht an der Zeit, sie hinaus in das Licht der Öffentlichkeit zu bitten. In dieser Zeit reifen sie sozusagen im Verborgenen heran.

Vielleicht haben wir das sogar sehr genau im Gefühl, halten es aber dennoch kaum aus, weil wir lieber alles jetzt gleich erleben und umsetzen wollen.

Aber einige Dinge brauchen Geduld, auch wenn es schwer ist, jetzt noch nichts tun zu können, nicht aktiv zu werden. Wenn man abwarten und sich Zeit lassen muss. Oder wie es so schön heißt: »Das Gras wächst nicht schneller, wenn man daran zieht.«

Diese Zeit ist keine verlorene Zeit, sondern vielleicht eine Zeit, in der sich noch etwas entwickeln kann. Vielleicht sollst du dir selbst noch etwas klarer werden. Vielleicht sollst du noch etwas lernen oder erkennen.

Jean-Claude Lin sagt mit Bezug auf Rudolf Steiner, den Begründer der Anthroposophie, über den Umgang mit Ideen: »Allzu oft neigen wir dazu, eine Idee sogleich nach deren Einfall mitteilen zu wollen, statt abzuwarten und mit zu beobachten, wie sie sich – falls es sich um eine ›kleine Idee‹ handelt – über vier Stufen und eine zeitliche Folge von viermal sieben Tagen verwandelt. Dann könnten wir beobachten, wie eine Idee für die Welt heranreift, ›so dass wir das, was wir erst geboren und von den Göttern haben taufen lassen, nun der Welt übergeben dürfen als unser eigenes‹.«* Seiner Ansicht nach ergäben sich für größere Ideen gar längere Zeiträume für das innere Reifwerden: viermal sieben Wochen oder gar viermal sieben Jahre. Jetzt musst du natürlich nicht unbedingt genau diese Zahlenfolge abwarten, aber diese Art des Umgangs könnte dennoch etwas Entspannung in das Entstehen hineinbringen.

Die Zeit des Heranreifens kann sich aber auch gelegentlich so anfühlen, als stecktest du mitten im Nebel. In keine Richtung kannst du wirklich etwas erkennen. Wohin soll es gehen? Was ist hier los? Es ist kaum möglich, sich fortzubewegen. Dann ist es sinnvoll abzuwarten, bis die Sonne langsam wieder durchsickert und sich eine klarere Landschaft zeigt. Erst dann wirst du erkennen können, was in dieser »Nebel«-Phase wirklich entstanden ist.

Es werden mit Sicherheit auch Zeiten kommen, in denen dein Projekt einfach nicht vorwärtsgeht. Egal was du machst. An jeder Ecke warten Probleme und Widrigkeiten. Prüfe dann immer, was der Grund dafür ist. Vielleicht schiebst du gerade etwas aus Bequemlichkeit oder Angst vor dir her, vielleicht ist aber auch eine Art Reifezeit notwendig. Manche Entwicklungen brauchen etwas Ruhe. Diese sollte man ihnen dann auch gön-

* Lin, Jean-Claude: »Die Kunst des Wartens«, in: *a tempo,* Magazin Nr. 188, August 2015 zitiert aus Rudolf Steiner: *Die Kunst des Wartens. Impulse – Werde Mensch mit Initiative,* hrsg. von Jean-Claude Lin, mit einer Einleitung von Ruth Ewertowski, Verlag Freies Geistesleben. Stuttgart 2010.

nen. In dieser Ruhephase wachsen sie manchmal von alleine, es werden innere Wege klar, vielleicht fügen sich auch äußere Gegebenheiten. Und dennoch ist es in dieser Zeit wichtig, sich weiterhin regelmäßig mit dem Projekt zu verbinden, damit es nicht so weit nach hinten rutscht, dass man Mühe hat, es wieder zu aktivieren.

Beispiel:

Die Künstlerin Tina Stein beschreibt diese Reifezeit so: »Entwicklungen müssen so lange in mir reifen, bis ich Sicherheit gewonnen habe. In diesen unklaren Nebelphasen brütet es aber weiter in mir. Manchmal kann das Monate oder gar Jahre dauern. Aber wenn der stimmige Moment da ist, wenn ich meinen ›inneren Gewissheitsort‹ erreicht habe, dann habe ich keine Zweifel mehr und alles geht ganz schnell. Dann ist es immer gut. Aber diese Reifezeit sollte man immer ernst nehmen.«

Klarheit gewinnen:

- Braucht dein Projekt eine längere Reifezeit oder will es jetzt demnächst geboren werden?

Für manche Träume ist der Weg hier zu Ende

Nicht immer geht es nur um ein gesundes Heranreifen. Manche Ideen reifen nicht so, dass sie schließlich auch das Licht der Wirklichkeit erblicken. Aber manche davon bilden die Grundlage für etwas, das später entstehen soll. Ein Projekt, das eventuell ganz anders aussieht und dennoch ohne diese ersten Ideen nicht denkbar gewesen wäre.

In meiner Studienzeit kannte ich einen Germanistikstudenten, der den ultimativen großen Roman schreiben wollte. Jahrelang sprach er davon, wie ein Roman aufgebaut sein müsse, welche neuesten Ideen er gerade dafür habe, wie er den besonderen Blickwinkel und die Dramatik einsetzen wolle. Er hat alles gelesen, was ihm über Schreiben und Kreativität, über die große Weltliteratur in die Hände kam. Irgendwann konnten wir es wirklich nicht mehr hören, denn der Roman bestand nach Jahren immer noch nur aus Fragmenten. Erst als er seine Pläne mit dem einen »großen« Roman endgültig, wenn auch schweren Herzens, aufgegeben hatte, war sein Kopf frei für neue Projekte, in denen übrigens Elemente des ursprünglichen Romans später eine nicht unerhebliche Rolle gespielt haben.

Ist deine Aufmerksamkeit ganz woanders?

Karin U. bemüht sich schon seit Monaten, endlich vernünftige Schritte in Richtung Gründung einer ergotherapeutischen Praxis zu machen. Aber nichts mag gelingen. Sie schaut sich Räume an, die ihr entweder nicht gefallen oder die nach mündlichen Zusagen plötzlich doch nicht mehr frei sind. Sie hat schon den dritten Designer mit der Gestaltung eines Flyers beauftragt, doch auch dieses Mal wurden nicht wirklich überzeugende Vorschläge unterbreitet. Zumindest keine, mit denen sie wirklich nach außen gehen mochte. Als wir uns in einer Beratungsstunde genauer anschauten, wo es gerade hängt, stellte sich heraus, dass ihre Ehe schon länger in einer großen Krise steckte und dass sie in Wirklichkeit gar nicht den

Kopf frei hatte, um sich um eine neue berufliche Existenz zu kümmern.

Manchmal gibt es andere Baustellen in deinem Leben, die dringender sind oder dir so viel Energie rauben, dass du gerade nichts Neues auf die Beine stellen kannst. Das bedeutet natürlich nicht, dass man nur in sorgenfreien Zeiten aktiv werden kann, doch wenn die Probleme zu stark in die eigene Existenz und Gefühlswelt eingreifen, können sie uns ausbremsen und uns so zu verstehen geben, dass wir uns erst um sie kümmern müssen.

Sind deine Absichten eindeutig?

Wir verfolgen unterschiedlichste Absichten mit unseren Projekten. Das ist natürlich in Ordnung so. Gefährlich wird es nur, wenn unterschwellig oder gar unbewusst andere Absichten mitschwingen als die, die wir nach außen hin kundtun. Und genau das ist ein ganz tückischer Punkt, der oft übersehen wird.

Ein international bekannter Coach erzählt, dass sie in ihren Beratungsstunden für hochkarätige Manager und Geschäftsleute an einem bestimmten Krisenpunkt zu fragen pflegt: »Wem wollen Sie es zeigen? Für wen machen Sie es? Für Ihre Mutter oder Ihren Vater?« Und fast immer lösen diese Fragen tiefe Gefühle aus, es fließen Tränen und der Knoten ist geplatzt. Denn so oft tun wir selbst im hohen Alter noch Dinge, um unsere Eltern oder andere Personen zu beeindrucken, selbst wenn diese längst nicht mehr am Leben sind. Wir wollen besser dastehen. Wir wollen gelobt werden. Wir wollen erfolgreich sein, weil …

Das Problem dabei ist, dass unsere Kunden diese versteckten Motivationen sehr wohl spüren, auch wenn sie sie nicht verbal benennen können. Sie spüren, dass es hier zusätzlich noch um etwas anderes geht als das konkrete Angebot, das wir ihnen machen. Und das verunsichert sie oder hält sie gar davon ab, zu uns zu kommen oder Kunde bei uns zu bleiben.

Katharina J. hatte schon einige Jahre mit großem Einsatz versucht, eine körpertherapeutische Praxis auf solide Füße zu stellen. Sie war fachlich bestens vorbereitet und hatte nach vielen Gründungsseminaren und Marketingfortbildungen alles »richtig« gemacht. Sie konnte auch Klienten gewinnen, allerdings längst nicht so viele wie notwendig, und oft kamen sie nur einmal und hatten dann tausend Gründe, die Therapie nicht fortzusetzen. Katharina war ziemlich ratlos, denn sie fand keinerlei Anhaltspunkte dafür, was sie falsch machte oder was sie ändern könnte. Als wir uns ihr Angebot und ihre Motivation genauer anschauten, kamen interessante Erkenntnisse zum Vorschein. Erstens, dass sie ihre therapeutischen Angebote und Schwerpunktthemen ständig nach dem Gesichtspunkt veränderte, was wohl am besten bei den potenziellen Klienten ankommen würde. Konkret, was sich am besten verkaufen ließe. Und nicht danach, was sie wirklich besonders gut konnte und gern gemacht hat oder was die Klienten wirklich gebraucht hätten. Zweitens, dass ein gewisser Monatsumsatz nicht nur für ihre Existenz und ihr Überleben wichtig war – was ja mehr als legitim ist –, sondern dass sie ihr Selbstwertgefühl auch mit der Höhe ihrer Einnahmen verknüpfte. Die monatlich vermeintlich notwendige Summe sollte ihr selbst und ihrem Umfeld zeigen, dass sie es wirklich geschafft hatte.

Ihre Eltern hatten früher einen eigenen Betrieb geführt, mit dem sie nach jahrelangen Kämpfen in die Insolvenz geraten waren. Dieses Scheitern war eine sehr prägende und bittere Geschichte in Katharinas Leben. Der Bruder startete auch mit einer eigenen Firma und scheiterte schon nach wenigen Jahren.

Jetzt wollte sie allen zeigen, dass sie anders und in der Lage sei, eine Firma erfolgreich zu führen, und so das Familientrauma durchbrechen könne.

So »ruinierte« sie allerdings ihre geschäftliche Grundlage, weil potenzielle Klienten unterschwellig gespürt haben, dass es hier nicht um sie und um ihre Probleme ging, sondern dass ein anderes Thema präsenter war. Und hilfesuchende Klienten wollen ja gerade nicht als Geldlieferanten betrachtet, sondern wirklich als Menschen gesehen werden. Diese sogenannte »verdeckte Agenda« wirkt wie ein Sumpf, der alle Bemühungen schluckt und herunterzieht.

Solch eine verdeckte Agenda erkennt man nur schwer allein. Eine Beratung durch einen Therapeuten oder Supervisor kann hier Wunder wirken.

Tust du etwas aus Angst oder Leidenschaft?

Claudia H. hatte mit viel Herzblut eine Massagepraxis aufgemacht, ertappte sich nach den Behandlungen aber ständig bei der Frage, ob sie auch gut genug gearbeitet hatte. Wenn die Klienten nicht wirklich glücklich und vollkommen schmerzfrei die Praxis verließen, hat sie immer wieder sehr an sich gezweifelt und sich oft stundenlang mit ihrem vermeintlichen »Scheitern« beschäftigt. Erst als sie in Supervisionssitzungen entdeckte, woher ihre Unsicherheit kommt, konnte sie nach und nach mehr Gelassenheit entwickeln.

Bei aller Würdigung des eigenen Anspruchs, wirklich gut zu arbeiten, gehen viele Kräfte verloren, wenn es eigentlich um ein anderes Thema geht – nämlich die eigenen Selbstzweifel.

Die Klienten spüren solche Zweifel durchaus, auch wenn sie es nicht wirklich benennen können. Hilfesuchende Menschen wollen in Sicherheit und Zuwendung »baden« und nicht für das Selbstbewusstsein des Therapeuten zuständig sein, sonst findet ein unguter Rollentausch statt.

Nicht nur mit der Frage, ob wir gut genug sind, schwächen wir uns. Es können unterschiedlichste andere Ängste und Zweifel eine Rolle spielen.

Sobald du merkst, dass dich etwas aus der Bahn wirft, solltest du dich fragen: »Tue ich das, was ich gerade tue, aus Angst oder aus Leidenschaft?« So kannst du kopflose Aktivitäten und ein mühevolles Abstrampeln schon im Entstehen verhindern. Deine Entscheidungen sollen nicht auf Angst und Zweifel beruhen, da du dich damit kleinmachst und unsicher wirst.

Wenn Angst und Zweifel aber da sind, gibt es verschiedene Wege, die Negativspirale zu durchbrechen.

Neuer Fokus

Zuerst ist es sinnvoll, dir bewusst zu werden, dass hier gerade etwas geschieht, das dir nicht guttut und du so nicht willst. Etwas, das dich unter Druck setzt und dazu führt, dass du dich schlecht fühlst. Statt lediglich das Unangenehme zu analysieren, kannst du jetzt den Fokus darauf lenken, was du stattdessen wirklich möchtest. Du kannst dein neues Ziel ganz genau definieren. Wie könnte dieses Ziel denn aussehen? Damit geht der Kopf aus der Negativspirale raus und richtet die Aufmerksamkeit auf ein anderes positives Ziel, und du kannst aktiv werden, indem du neue, klare Handlungsaktivitäten definierst.

Übung: Herzenergie

Du kannst die Negativspirale auch durchbrechen durch eine Veränderung deiner Gefühlslage.
Wechsle dazu am besten erst einmal den Ort. Du kannst zum Beispiel in einen anderen Raum gehen oder dich auf einen anderen Stuhl setzen. Das verändert deine Perspektive. Dann richtest du deine Aufmerksamkeit auf deinen Herzbereich und stellst dir vor, wie du einige Male gleichmäßig durch dein Herz einatmest und durch den Solarplexus wieder ausatmest.
Anschließend erinnerst du dich an ein positives Gefühl – egal aus welcher Situation. Wichtig ist nur, dass du es wirklich fühlst und nicht nur denkst. Du kannst an einen lieben Menschen, einen geliebten Ort oder an ein schönes Ereignis denken. Durch die positiven Gefühle, die jetzt deinen Körper durchströmen, steigst du aus dem Stressmuster aus. Drei bis fünf Minuten reichen meist aus. In dieser positiven Gemütslage kannst du dir die Fragen stellen, die gerade anstehen. Und dein Körper wird klarere und stimmigere Antworten geben als zuvor unter Stress.

Löwentöter

Wenn ich Unterstützung für meinen Mut und meine mentale Stärke brauche, benutze ich manchmal einen »Löwentöter«. In Kenia durfte ich einmal in einem Massai-Dorf zu Gast sein. Dort gibt es die Tradition, dass junge Männer in einem gewissen Alter für eine Weile außerhalb des Dorfes in der Wildnis leben müssen und laut Tradition erst als erwachsene Männer zurückkehren dürfen, wenn sie einen Löwen getötet haben. Das ist zwar heute nicht realistisch, denn weder gibt es genügend Löwen, noch sollte man sie töten. Doch aus dieser Tradition ist der »Löwentöter« entstanden. Das ist eine Art gebogener Schlagstock aus einem sehr schweren Holz, handwerklich gut gearbeitet mit vielen Ornamenten. Ich habe ein Exemplar mit nach Hause gebracht. Und in ganz bedrohlichen oder scheinbar ausweglosen Situationen, wenn die Panik langsam in mir hochkriecht, nehme ich diesen »Löwentöter« in die Hand, spüre die klare Form und das schwere Gewicht des Holzes und stelle mir vor, wie ich im Notfall den Löwen angreifen würde. Natürlich vorausgesetzt, dass ich darin geübt wäre und genau wüsste, wie ich jetzt vorgehen müsste. Gott sei Dank will ich weder wirkliche Löwen töten, noch muss ich es, aber so manch anderes »Raubtier« lässt sich mental auf diese Weise sehr gut besiegen.

Stärkung

Der Kreis deiner Helfer

Hier kommt eine gute Nachricht. Du musst nicht alles allein schaffen. Für Aufgaben, von denen du jetzt schon weißt, dass du sie nicht gut bewältigen kannst, solltest du lieber nach ganz praktischen Unterstützungsmöglichkeiten suchen. Das kann der Fall sein, wenn du dich zu wenig mit einem bestimmten Arbeitsgebiet auskennst oder so ganz und gar keine Lust dazu hast. Das ist beispielsweise oft der Fall bei Themen wie Buchhaltung, Steuerfragen oder Internetpräsenz. Für solche Aufgaben gibt es Fachleute, die nicht immer sehr teuer sein müssen. Auch mit einem Steuerberater oder einem Buchhalter kann man – gerade am Anfang – durchaus über den Preis verhandeln oder die Unterlagen selbst so gut vorbereiten, dass man nur den letzten Arbeitsschritt an bezahlte Fachleute abgeben muss. Manche Aufgaben lassen sich auch teilweise auf Gegenseitigkeit als Tauschaktion abrechnen.

Beispiel:

Elke Brand – Film- und Literaturagentin:

»Ich habe mir Hilfe geholt und habe mir einige Male im Jahr Termine mit einem Unternehmensberater gegönnt. Und es war schon beruhigend, dass ein Fachmann mit draufschaut, wie die Zahlen aussehen usw. Er hat mir zum Beispiel recht schnell dazu geraten, noch jemand anzustellen. Ich brauche auch Leute um mich herum, die an mich glauben und die mir sagen, dass es laufen wird. Ich bin nicht so eine komplette Einzelgängerin. Diesen Berater habe ich stundenweise bezahlt, und dann ist es auch machbar. Das ist sogar letztendlich relativ wenig Geld für das, was ich wirklich bekommen habe. Sparen an der falschen Stelle kann ein Unternehmen ganz in den Abgrund stürzen. Man muss schauen, wo Ausgaben notwendig und wo sie eher übertrieben sind.«

Das ist die sehr handfeste, praktische Seite von möglicher Hilfe. Aber es gibt noch eine ganz andere Art von Hilfe. Du kannst einen ganzen Unterstützerkreis um dich herum aufbauen, bestehend aus Menschen, die an dich glauben, die dir Mut zusprechen, dir den Rücken stärken, gelegentlich vielleicht sogar auch praktisch mit anpacken.

Diese Menschen sind wahrscheinlich jetzt schon in deinem Leben vorhanden. Jetzt geht es aber darum, dass du dir dessen auch sehr bewusst wirst. Vielleicht magst du dir gar eine kleine Liste anlegen mit Menschen, die dich in irgendeiner Weise unterstützen. Die Liste soll nur dazu dienen, dass du dir über die Anwesenheit dieser Menschen in deinem Leben Klarheit verschaffst, und sie wird sich natürlich immer wieder ändern.

Darüber hinaus gibt es aber weitere Menschen, die zu deinem Unterstützerkreis gehören. Diese musst du nicht unbedingt persönlich kennen. Vielleicht sind es Autoren von Büchern, die dir in dieser Lebensphase besonders wichtig sind. Es können Vorbilder in deinem Leben sein. Berühmte oder weniger berühmte Menschen. Es können bereits verstorbene Menschen aus deiner Vergangenheit sein, deren Einwirkung auf dein Leben aber weiterhin eine große Rolle spielt. Vielleicht gehören auch Menschen dazu, die bereits etwas Ähnliches geschaffen haben, wie du es jetzt vorhast.

Du kannst diese Personenkreise fiktiv zu einer Gruppe zusammenschließen. Vielleicht stellst du dir vor, wie all diese Menschen einen Kreis um dich herum bilden. Wie diese Menschen bei dir sind und dich freundlich anschauen oder gar gelegentlich anfeuern. In besonderen Situationen kannst du diese Gruppe sogar herbeirufen und eine Frage an die Gruppe oder an eine einzelne Person darin stellen. Was soll ich jetzt tun? Was würdet ihr mir raten? Und vielleicht staunst du, dass du manchmal eine Antwort bekommst.

Es gehören aber nicht unbedingt nur Menschen zu deinem Unterstützerkreis. Manchmal ist es gut, wenn dazu auch ein ganz wichtiger Gedanke gehört, vielleicht ein Leitspruch für deine Vision.

Klarheit gewinnen:

- Welche Aufgabengebiete solltest du besser an Fachleute abgeben? Kennst du dafür schon passende Menschen oder Firmen oder solltest du diese bald suchen? Wer könnte dir gute Tipps geben?
- Welche Menschen könnten dich sehr praktisch unterstützen?
- Welche Menschen unterstützen dich eher geistig oder emotional?
- Welche Vorbilder hast du für deine Vision?
- Welche Gedanken oder Leitsätze gehören zu deinen Helfern?

Die Antworten auf die obenstehenden Fragen solltest du unbedingt schriftlich festhalten. Das schafft eine größere Klarheit, als wenn du nur darüber nachdenkst. Und du kannst die Antworten später nachlesen und vielleicht ergänzen.

Übung: Die Wahrnehmung deiner Helfer

Gönne dir anschließend etwas Zeit für eine plastische, mentale Gestaltung deines Unterstützerkreises. Setze dich dafür an einen ruhigen Ort und schließe die Augen. Stell dir deine vielen Helfer vor, wie sie sich langsam zu einem Kreis um dich herum aufstellen. Fehlt jemand oder etwas oder sind sie alle da? Sind sie alle damit einverstanden, dass sie dir helfen sollen? Wie stehen sie da und wie schauen sie dich an? Musst du ihnen noch etwas erklären oder vielleicht klarer machen, was du dir von ihnen wünschst?

Unsichtbare Helfer

Es gibt aber auch noch eine weitere Ebene, nämlich deine unsichtbaren Helfer – eine Unterstützung von einer höheren Ebene. Nenne es Schöpfung, Universum oder göttliche Existenz. Die Schöpfung freut sich, wenn wir unseren Weg finden und wirklich gehen. Das ist zumindest meine Vorstellung. Je tiefer unsere Verbindung zu dieser Ebene ist, umso leichter wird alles gehen. Die Schöpfung richtet und lenkt, bringt uns rein »zufällig« mit den richtigen Informationen oder Menschen zusammen, schafft Freiräume, Zeit und Platz. Egal, ob du es so wahrnimmst oder nicht.

Vergiss dabei nie die Dankbarkeit für diese Hilfe, für das Verbundensein mit diesen unsichtbaren Kräften.

Schubsengel

Es gibt auch Helfer, die man nicht sofort so nennen mag, denn es dauert eine Weile, bis man merkt, dass sie uns wahre Helfer sind. Das sind die sogenannten Schubsengel. Menschen, die uns aufrütteln, vielleicht gar aufregen oder Druck machen. Sie bringen uns in unangenehme Situationen, fordern uns heraus und teilen uns auf welche Art auch immer mit: »Jetzt komm endlich … Mach dich auf den Weg!«

Klarheit gewinnen:

- Ahnst du, wer in deinem Leben Schubsengel waren oder sind?
- Nimmst du sie ernst?
- Was sagen sie dir?

Dein Geschenk an die Helfer

Bei aller Hilfe, die du von deinen unterschiedlichsten Helfern bekommst, solltest du einen ganz wichtigen Punkt nicht vergessen: Was bekommen deine Helfer von dir? Was haben sie davon, dass sie dir helfen? Warum helfen sie dir?

Denn Hilfe ist selten wirklich selbstlos. Helfer werden irgendwann sehr müde. Deshalb ist es wichtig, dass es dir und ihnen klar ist, was auch sie dabei gewinnen. Das kann natürlich finanzieller Natur sein, wenn du richtige Arbeitsaufträge vergibst. Oft liegt der Gewinn aber eher im emotionalen bzw. nicht-materiellen Bereich. Vielleicht gibst du ihnen eine Aufgabe, die für sie Sinn ergibt oder ein Gefühl von Gemeinschaft. Vielleicht genügt gar eine dankbare Geste, ein Hinweis, dass sie für dich wichtig sind. Sobald du herausgefunden hast, was deine Helfer von dir brauchen oder durch dich gewinnen, solltest du immer im Blick haben, ob von dir weiterhin etwas an die Helfer »zurückfließt«, ob sich etwas verändert hat oder ob euer Verhältnis neu überprüft werden sollte.

Beispiel:

Bettina Sahling – Herausgeberin von *newslichter* – Gute Nachrichten online:
»Es gibt, Gott sei Dank, immer wieder Menschen, die bereit sind zu helfen, weil sie das gut finden, was wir hier machen. Aber man muss auch deutlich sagen, dass man Hilfe braucht. Das vergessen wir oft. Vielleicht sogar sehr konkret formulieren, wobei man Hilfe braucht – und Leute dazu ansprechen. Es ist ja nicht immer in Form von einer konkreten Hilfe, sondern vielleicht durch die Tatsache, dass man erwähnt wird oder dass man irgendwo eingeladen wird.«

Suche nach den Helfern

Vielleicht sagst du aber auch, ich sehe keine wirklich guten Helfer in meiner aktuellen Situation. Eher habe ich den Eindruck, dass ich alles allein machen muss. Ich habe einfach keine Ahnung, woher sie kommen könnten.

Dann hilft dir vielleicht die folgende Übung:

Übung: Wünsche an deine Helfer

Sorge für einen ruhigen und geschützten Raum. Setze dich ganz still und bequem hin. Vielleicht magst du die Augen schließen. Stelle dir vor, du sitzt ganz allein an einem ruhigen Waldsee. Die einzigen Geräusche sind ein zartes Vogelgezwitscher und der leise Wind, der durch die Bäume zieht. Neben dir liegt ein kleiner Stein. Du nimmst ihn in die Hand und wirfst ihn in den See und beobachtest die feinen Wellenkreise, die entstehen. Und erlaubst, dass deine Gedanken und deine Wahrnehmung von diesen kleinen Wellenkreisen mit in die Weite getragen werden, in die immer größer werdenden Kreise. In dir herrscht große Ruhe.

In diesem Zustand kannst du deine Fragen und Bitten formulieren.

Überlege dir erst, welche Art von Hilfe du brauchen wirst. Bitte darum, dass Helfer in deinem Leben erscheinen mögen und dass du sie auch gut erkennen wirst.

Vielleicht hast du sogar jetzt schon eine konkrete Frage an diese zukünftigen Helfer. Dann kannst du auch diese hier aussprechen.

Die Antworten kommen selten sofort. Aber du hast deine Fragen und Bitten in die Welt hinausgeschickt und darfst gespannt sein, was in den kommenden Wochen geschehen wird.

Die notwendige Leichtigkeit

Wann ist es schwer?

Ich behaupte nicht, dass es immer leicht sein wird, dein Herzensprojekt zu konkretisieren und umzusetzen. Manche Schritte auf dem Weg sind ganz schwer – und dennoch absolut entscheidend und wichtig. Andere Schritte hingegen sind schwer, weil sie nicht stimmig sind.

Für mich persönlich wird es schwer, wenn ich etwas tue, das ich eigentlich nicht will – auch wenn ich vielleicht noch nicht erkannt habe, dass es so ist. Hierzu gehört auch, dass ich vielleicht etwas tue, das *andere* wollen und nicht ich.

Schwer wird es auch, wenn etwas nicht in dieser Form oder auch gar nicht entstehen kann und ich dies noch nicht erkannt habe. Es geht nicht immer nach meinem persönlichen Willen oder meinem Wunsch. Je mehr ungutes Ego in meinen Plänen steckt, umso schwerer wird es oft ab einem gewissen Punkt.

Die Leichtigkeit geht auch verloren, wenn Faktoren wie Zeitpunkt, mitagierende Personen und Umfeld noch nicht stimmen.

Und schwer wird es immer, wenn ich an meiner eigentlichen Aufgabe, an meiner Vision oder Berufung vorbeischlittere. Dann werden mir oft Steine in den Weg gelegt.

Wie kann Leichtigkeit entstehen?

Leichtigkeit entsteht, wenn ich erkenne, dass ich wirklich den für mich richtigen Weg gehe. Wenn ich die Vision für meine Aufgabe ernst nehme und dabei sehe, dass es hier nicht nur um meine Person geht, sondern um etwas, das in die Welt will, und zu dessen Verwirklichung ich aber sehr wohl etwas beitragen darf. Wenn das Ego zurücktritt und die Vision Raum gewinnt, entsteht Leichtigkeit ganz von allein. Gedanken und Ideen kommen, Türen öffnen sich ohne mein Zutun, Unterstützung zeigt sich von allen Seiten, die nötige Kraft ist da, und sogar Zeit wird zur Verfügung gestellt.

Denn es darf leicht gehen! Es darf sogar Spaß machen!

Beispiel:

Angelika L. – Massage Praktikerin:
»Rückblickend muss ich sagen, dass der Aufbau eines Kundenstamms ganz leicht ging. Ich habe sogar manchmal gezweifelt, ob das, was ich mache, auch wirklich etwas wert ist, weil es so wenig anstrengend war. Es hat sich immer so viel von allein ergeben – so ganz zufällig.«

Übung: Der Blick von oben

Gelegentlich musst du sogar fliegen. Nicht davonfliegen oder den harten Tatsachen auf dem Boden entfliehen, aber die Flügel weit ausbreiten und sanft und stark an Höhe gewinnen, die Leichtigkeit in der Luft genießen und die große Freiheit kosten.
Und dann kannst du von oben in dieser neuen Leichtigkeit

einen liebevollen Blick nach unten auf die Erde, auf dich und dein Projekt werfen.
Ganz wichtig dabei: Der Blick muss liebevoll und behutsam sein. Oder hast du schon mal gesehen, dass Vögel sich in der Luft abstrampeln und kämpfen? Ständig hin und her zappeln, sich fragen, ob sie es richtig machen, ob der Weg oder die Richtung stimmen? Nein, sie gleiten. Sogar Richtungsänderungen sind elegant, stark und voller Leichtigkeit.
Vielleicht magst du dir dabei einige der folgenden Fragen stellen:

- Wie steht es gerade um dein Projekt?
- Was läuft gut und richtig?
- Wie gewinnst du Kraft und Zuversicht?
- Worüber stolpert dein Projekt im Moment oder wo hat es sich festgehakt?
- Würde es leichter werden, wenn du zu irgendetwas nein sagen könntest? Was willst du nicht mehr?
- Was könnte jetzt helfen und stärken? Taten, Dinge, Worte, Menschen?
- Was würdest du jetzt sofort tun, wenn alles ganz leicht gehen würde?
- Wie könnte es noch leichter gehen?

Auf dem Weg zu einer größeren Leichtigkeit verrate ich dir noch ein paar Tricks:

Übung: Lächele!
Eins davon ist das Lächeln. Sobald wir lächeln, wird alles leichter.

Versuche mal, einen Bleistift waagerecht zwischen den Zähnen zu halten. Das ist natürlich eher eine Übung für die Zeit allein – vielleicht während du am Schreibtisch etwas erledigst. Denn das Beißen auf den Bleistift simuliert ein Lächeln, und unser Gehirn schaltet sofort in einen anderen Modus um.
Du kannst aber auch ohne Bleistift im Mund für die nächsten Minuten ein leichtes Lächeln in deinem Gesicht entstehen lassen. Das muss kein breites Grinsen sein, sondern ein angedeutetes Lächeln. Spüre nach, was sich allein schon dadurch verändert.

Was tust du eigentlich?

Es kann auch helfen, dein Projekt oder deine Aufgabe neu zu definieren, also inhaltlich eine neue Bezeichnung dafür zu finden. Schuftest du in einem Steinbruch und schleppst ständig schwere Steine oder nimmst du eher teil am Bau einer wunderschönen Kathedrale? Wie siehst du deine Rolle? Kannst du dein Ego etwas zurückstecken und deiner Aufgabe sinnvolles Leben einhauchen? Vielleicht gar bedenken, dass du nicht alle darauffolgenden Ergebnisse und Veränderungen selbst erleben wirst – und dennoch gerade etwas ganz Wichtiges und Sinnvolles tust?

Teil III:
Vorbereitende Schritte

In Bewegung kommen

Tue etwas!

Irgendwann in der Vorbereitungsphase für ein neues Projekt kommt fast immer eine Zeit, in der alles zu stagnieren scheint. Vielleicht fühlst du dich geradezu gelähmt von den vielen Punkten auf deiner To-do-Liste, so dass du wichtige Schritte eher hinausschiebst. Vielleicht wartest du darauf, dass etwas anderes geschieht, auf das du keinen Einfluss hast, bevor du selbst sinnvoll weitermachen kannst. Fehlt eine Genehmigung oder eine Zusage von anderen? Wartest du auf Material oder Handwerker?

Für solche Phasen gibt es einen kleinen Trick. Überliste dein Gehirn und dein Umfeld, indem du etwas Konkretes tust. Du willst gerade etwas Neues bewegen, deshalb ist das Entscheidende, jetzt tatsächlich in Bewegung zu kommen. Nicht immer nur geradlinig und logisch, indem du deine To-do-Liste abarbeitest (aber auch das funktioniert natürlich wunderbar), sondern indem du überhaupt etwas tust, auch wenn es etwas ganz anderes ist. Der Trick funktioniert nämlich auch dann.

Selbst mache ich diese Erfahrung immer wieder. Sobald etwas stockt und nicht »in Gang« kommen will, muss ich körperlich in Bewegung kommen. Lange Spaziergänge im Wald zum Beispiel machen nicht nur kreativer, sie können auch notwendige Ereignisse in Fluss bringen. Du musst dafür nichts Besonderes tun, einfach losgehen genügt. Erwarte aber keine konkreten

Ergebnisse, das wäre sogar hinderlich. Die Bewegung, die du dir verschafft hast, wird von ganz allein in dir arbeiten.

Manchmal ist die notwendige Bewegung jedoch nicht körperlicher, sondern eher gedanklicher Art. Vielleicht ist es hilfreich, etwas Neues zu lesen, fremde Gedanken bewusst aufzunehmen und sich damit auseinanderzusetzen. Vielleicht lässt du dich auf Gespräche mit Menschen ein, die so ganz anders sind als du. Die anders leben, anders denken, andere Entscheidungen treffen. Du musst nicht mit ihren Ansichten einverstanden sein, sie bringen aber deine Gedanken und deine Gefühle in Bewegung.

Es kann auch sein, dass du etwas in Bewegung bringst, indem du überhaupt anfängst, *irgendetwas* zu tun. Vielleicht Dinge, die gar nicht zu deinem anstehenden Projekt gehören. Vielleicht legst du ein neues Blumenbeet an oder räumst Schränke auf. Oder du rufst ein paar Menschen an, die schon lange auf deinen Anruf warten. TUE irgendetwas!

Susanne W. will sich nebenberuflich als Lebensberaterin und Coach etablieren. Eine fundierte Ausbildung hat sie schon abgeschlossen, das Konzept ist bereits recht klar und sie hat auch große Lust darauf. Ein Raum für die neue Praxis ist sogar im eigenen Haus vorhanden. Allerdings ist sie sehr beschäftigt in ihrem aktuellen Hauptberuf und ist außerdem alleinerziehende Mutter von zwei recht kleinen Kindern, die noch viel Fürsorge brauchen. Der Alltag ist zurzeit von Zeitmangel und Überforderung geprägt. Einen Umzug hat sie auch gerade hinter sich, mit dem entsprechenden Kräfteaufwand und dem daraus resultierenden Restchaos im Haus. Eine Veränderung drängt dennoch sehr, denn sie wird immer unglücklicher in ihrem aktuellen Beruf und will unbedingt langsam ein zweites Standbein aufbauen, um zufriedener arbeiten zu können. Nun steht aber der schon vorhandene Beratungsraum voller Umzugskisten mit Dingen, die sie nicht mehr braucht, die sie aber auch nicht einfach verschenken kann, da sie auf dem Flohmarkt erfahrungsgemäß viel Geld einbringen würden. Und dieses Geld braucht sie. Sie müsste also erst mal »nur« Zeit finden, die Sachen zu sortieren und ganze Tage auf unterschiedlichen Flohmärkten zu verbringen. Aber woher die Zeit nehmen? Und außerdem ist es Winter und keine Saison für Flohmärkte. Und so dreht sie sich im Kreis und schafft es nicht, einen ersten Schritt in die so dringend gebrauchte Veränderung hineinzugehen.

Mit diesem Problem sitzt sie heute in meiner Praxis. Ich frage sie ganz pragmatisch, ob diese Kisten eventuell kompakt in eine Ecke gestapelt werden könnten. Sie könnte vielleicht eine Decke darüber legen oder ein Regal davorstellen – dann hätte sie Zeit gewonnen, könnte sich später um den Inhalt kümmern, und der Raum wäre für die ersten Klienten sofort nutzbar.

Sie schaut mich fassungslos an und sagt nur: »So einfach ginge das? Wieso bin ich nicht schon längst auf die Idee gekommen?«

Und so ist es oft. Wir bauen Berge von Problemen vor uns auf und vor lauter Bergen erkennen wir nicht, wie der erste Schritt aussehen könnte. Dabei genügt oft ein pragmatischer, frischer Blick von außen, um auf viel einfachere Lösungen zu kommen. Und dann können wir losgehen.

Verschieberitis

Wenn ich etwas zu lange mit mir herumtrage, wird es irgendwann wirklich schwer.

Alle haben wir Themen, die wir am liebsten meiden. Für die

einen ist es die Steuererklärung, für die anderen sind es Marketingaktionen oder unangenehme Gespräche. Es kostet ungeheuer viel Kraft, notwendige Aktionen zu verschieben, sie dabei aber immer im Hinterkopf zu behalten – zu wissen, sie sind immer noch nicht erledigt. Denn ich sollte mich ja wirklich dransetzen – oder vielleicht doch lieber erst im nächsten Monat?

Wenn du es dann aber wirklich umsetzt, diesen entscheidenden Anruf tätigst oder die wichtigen Anträge abschickst, wird eine solche Kraft freigesetzt, dass du dich wundern wirst, warum du es nicht schon längst getan hast. Du fühlst dich so viel leichter und hast auf einmal den Kopf frei für ganz neue und wichtige Ideen.

Vergiss dabei nicht die Möglichkeit, dass du einige Punkte auf deiner To-do-Liste vielleicht sogar ganz streichen könntest. Denn wenn du sie so lange vor dir herschiebst, sind sie vielleicht doch nicht von entscheidender Bedeutung. Und wenn du sie nicht gleich ganz wegstreichen möchtest, könntest du sie in einem Schreibheft oder einer Datei sammeln und vielleicht nach einigen Monaten einen Blick darauf werfen, ob sie dir noch sinnvoll erscheinen. Dann sind sie zumindest in der Zwischenzeit aus deinem permanent schlechten Gewissen verschwunden. Und du wirst dich später wundern, was alles auf diesen Listen vorzufinden ist, das mit etwas Abstand betrachtet gänzlich überflüssig war.

Entscheidungen treffen

Immer wieder stehst du auf deinem Weg vor größeren und kleineren Entscheidungen, und oft fallen sie nicht leicht. Nicht immer können wir Entscheidungen auf der Grundlage von klaren Fakten treffen, von klar definierten Argumenten dafür oder dagegen.

Wenn wir aber eine Entscheidung aufschieben, geht viel Energie verloren, weil wir uns ständig erneut mit den anstehenden Fragen beschäftigen. Auch ganz unbewusst und unterschwellig. Es kostet oft weniger Energie, eine Entscheidung zu treffen, als keine.

Hier einige Tipps, wie ich mich bei anstehenden Entscheidungen verhalte:

Wenn ich so ganz und gar nicht weiß, wie ich mich entscheiden soll, stelle ich mir manchmal vor, ich hätte die Entscheidung bereits getroffen. Wenn ich die Wahl zwischen A und B habe, stelle ich mir erst eine Weile vor, ich hätte mich für A entschieden, und dann eine Weile, dass ich mich für B entschieden hätte. Mit allem, was dann auch dazugehören würde. Ich überlege, was ich jetzt tun muss, mit wem ich reden muss, und achte vor allem darauf, in welcher Stimmung ich bei den unterschiedlichen Wahlmöglichkeiten bin. Schon allein bei diesem »Durchspielen« wird oft schnell klar, bei welcher Lösung ich mich wohler fühle.

Eine weitere Hilfe ist, die Anzahl der Möglichkeiten, die du für die aktuelle Entscheidung hast, zu reduzieren. Es ist leichter, zwischen zwei Möglichkeiten zu entscheiden als zwischen zehn. Meistens sind viele der Optionen, die uns im Kopf herumschwirren, keine wirklichen Alternativen.

Eine Entscheidung muss nicht für die Ewigkeit sein. Erlaube dir, vielleicht sogar bewusst nur für eine gewisse Zeit diese Entscheidung zu treffen und sie dann neu zu überdenken.

Finde eine Formulierung, bei der klar wird, dass du dich FÜR etwas entscheidest und nicht GEGEN.

Eine Entscheidung muss nicht die perfekte Lösung sein.

Prüfe auch, ob deine Entscheidung mit deinen langfristigen Zielen wirklich übereinstimmt.

Und ob die Entscheidung auch zu deinen Werten passt.

Wenn du dir vorstellst, dass du in einigen Jahren in deiner Entwicklung ganz woanders stehen wirst, wie würde dann dein zukünftiges Ich in der heutigen Situation entscheiden?

Das passende Umfeld

Raum und Zeit

Egal welche Gestalt dein Projekt einmal annehmen wird, du wirst es an einem bestimmten realen Ort ansiedeln müssen. Für manche genügt der Schreibtisch zu Hause, andere müssen einen Raum oder gleich mehrere anmieten. Aber egal wo und wie umfangreich es sein wird, dein Herz sollte beim Entdecken oder Gestalten dieses Ortes höherschlagen. Das bedeutet nicht, dass du dich jetzt auf einen lichtdurchfluteten Raum mit Jugendstilfenstern und Blick ins Grüne festlegen solltest und dir mit ähnlichen Tagträumen den finanziellen Weg blockierst. Dein Traum kann in den kleinsten und unscheinbaren Räumen verwirklicht werden. Wichtig ist nur, dass du gern dort bist oder gleich den Blick dafür hast, was man daraus machen kann. Und worauf es dort ankommt.

Ganz entscheidende Fragen bei der ersten Besichtigung der Räume sind deshalb: Könntest du dich dort zu Hause fühlen? Würdest du jeden Tag dort sein wollen?

Deine Kunden nehmen deinen Arbeitsort eventuell ganz anders wahr.

Ich bin jahrelang zur Massage in einen Kellerraum gegangen. Es gab dort nur ein winziges Fenster und kaum Tageslicht. Was mir als Klientin aber ehrlich gesagt gar nicht gleich auffiel, denn dort war immer ein schönes, gedämpftes Licht, ein kleiner

Springbrunnen plätscherte, und der Raum duftete wohltuend. Die Masseurin hatte sich mit den widrigen Gegebenheiten in diesem Raum arrangiert – nicht abgefunden – und das Beste daraus gemacht. Und vor allem hatte sie ihre eigene Schwingung in diesen Raum miteingebracht.

So reizvoll ein schöner Ort für die eigene Arbeit sein mag, in der Startphase kann dies dennoch eher zweitrangig sein.

Die Goldschmiedin Susanne Detemple beschreibt, dass sie angefangen hat, ihren eigenen Schmuck in einer Abstellkammer ihrer privaten Wohnung herzustellen – und diesen dann auf Kunsthandwerkermärkten verkauft hat. Erst Jahre später hat sie es gewagt, ein eigenes Ladenlokal zu mieten.

Sogar manche offensichtlichen Negativargumente gegen die Lage können später an Bedeutung verlieren.

Dorothe Schindler hat ein Café in einer wenig ansprechenden Gegend der Stadt aufgemacht. Vor der Tür war ein Treffpunkt von Obdachlosen, und die Stadtbewohner haben diesen Platz gemieden. Sie hatte aber das Gefühl, dass der Ort der richtige war. Und hatte damit recht. Die Atmosphäre des Platzes fing an, sich zu verändern – auch durch das neue Café –, die Obdachlosen zogen irgendwann woanders hin, und die Bewohner entdeckten die Reize dieses ruhigen Platzes mit seinem großen Springbrunnen. Heute berichten ihre Gäste, dass sie hier schon fast das Gefühl haben, im Urlaub zu sein.

Wenn du räumlich klein starten kannst, vielleicht in einer kleinen Ecke in deiner eigenen Wohnung oder zur tageweisen Untermiete bei Kollegen, gewinnst du erst einmal finanzielle Freiheit. Größer werden kann dein Arbeitsraum immer noch.

Wenn du mit deinem Projekt stärker nach außen gehen musst, ist es auch wichtig zu prüfen, ob dein Standort der richtige ist. Bist du dort, wo deine Kunden sind, wo sie dich fast zwangsläufig entdecken werden? Damit meine ich das räumliche Umfeld. Ist dein Laden, deine Praxis o.ä. in einer entsprechenden Stadt oder in einem Stadtviertel, wo deine Kunden sich auch befinden? Wenn du dich eher abseits angesiedelt hast – sind deine Kunden bereit, einen weiteren Weg zu dir in Kauf zu nehmen?

Die gleiche Frage gilt aber auch für die Netzwerke, in denen du dich bewegst. Die Personennetzwerke, vielleicht aber auch die virtuellen Netzwerke, falls du dein Angebot eher online vermarktest. Bewegst du dich in den Kreisen, die du erreichen willst? Bist du gern dort?

Haben deine Kunden und du auch die gleichen Zeitvorstellungen?

Katja G. gibt Musikunterricht für Kinder. Durch die langen Schultage der Kinder und die Arbeitszeiten der Eltern kommen oft nur Termine an den Wochenenden in Frage. So bleibt Katja nichts anderes übrig, als den Samstag zu einem regulären Arbeitstag zu machen und dafür an einem anderen Tag frei zu nehmen. Eine bewusste Entscheidung, mit der sie einen ganz klaren Wettbewerbsvorteil gegenüber ihren Kollegen hat, die lediglich Unterricht von Montag bis Freitag anbieten.

Perfektion ist eine Falle

Hier kommt eine gute Nachricht: Du brauchst nicht perfekt zu starten. Warte nicht, bis alle Bedingungen stimmen und dir alle Türen offen stehen. Warte nicht, bis du alles notwendige Wissen hast und dich in alle Richtungen abgesichert hast. Die Wahrscheinlichkeit, dass du diesen Zustand je erreichst, ist sehr gering. Sonst könntest du unter Umständen jahrelang damit beschäftigt sein, noch etwas zu lernen, etwas gedanklich vorzubereiten – und fängst nie wirklich an.

Wirklich große Aufgaben kommen immer auf uns zu, wenn wir noch denken, wir seien nicht ganz reif dafür. Es fehlt uns immer noch an Erfahrung, Wissen, Sicherheit und so vielem mehr …

Dann gilt es, dich nicht nur zu fragen, ob du schon vollständig vorbereitet bist, sondern ob du BEREIT bist, diesen nächsten Schritt zu wagen.

Denn du kannst für deinen einmaligen, aufregenden neuen Weg NIE genug vorbereitet sein. Aber du kannst BEREIT sein, jetzt loszugehen.

Es gibt noch einen weiteren wichtigen Aspekt dabei: Wenn du nicht auch etwas Unperfektes zulässt, verhinderst du, dass die genaue Form beim Wachsen entstehen darf. Eine Neuschöpfung ist ein Prozess. Lass dich auch mal überraschen und sei offen für andere Entwicklungen als zuerst geplant. Du kannst sowieso nur einen ganz kleinen Teil planen, aber das erkennst du in der Regel erst im Nachhinein, wenn du zurückblickst. Innere Rigidität und ein zu enger Ablaufplan sind die sicherste Erfolgsbremse.

Beispiele:

Dorothe Schindler – Inhaberin eines Cafés:

»Es ist wichtig, dass man etwas über eine gewisse Zeit entstehen lässt. Das, was hier in meinem Café gestaltet wurde, hat sich über Monate hin entwickelt. Es hat niemand einen Plan gemacht, wie es auszusehen hat, und das ist für mich ein sehr gesundes Gefühl. Es darf nichts Rigides sein. Es entsteht erst mit der Zeit, was wirklich zu mir und zu dem Raum passt. Und irgendwann habe ich dann das Gefühl – so, jetzt stimmt es, jetzt fühlt es sich gut an.«

Susanne Detemple – Goldschmiedin:
»Ich habe den Laden auf äußerster Sparflamme eingerichtet. Man kann z. B. für Schmuckvitrinen ein Vermögen ausgeben. Die sind teilweise dann wunderschön, aber das muss nicht immer sein. Es sollte in meinem Laden schon perfekt sein, ich habe nicht an entscheidenden Dingen gespart, aber eine Freundin hat mal zu mir gesagt: ›Fällt dir eigentlich auf, dass du am kreativsten bist, wenn du wenig Geld hast?‹ Und das stimmt. Ich versuche dann, viel aus wenig zu machen.«

Der perfekte Start ist oft eine eher oberflächliche Fassade und garantiert nicht, dass du kontinuierlich dranbleibst.

Julia wollte als Seminarveranstalterin ihr Traumprojekt starten. Da sie bereits Erfahrungen aus den Bereichen Wirtschaft und Design mitbrachte, hatte sie einen umfangreichen und beeindruckenden Businessplan entwickelt. Flyer und Infobroschüren waren sehr professionell und ansprechend gestaltet und wurden von allen hoch gelobt. Besser kann man kaum starten, denkt man wohl. Womit die meisten von uns in der Anfangsphase so sehr kämpfen, war hier schon fix und fertig.

Aber es fehlte in Julias Fall an so vielen anderen Faktoren, und die perfekten Flyer konnten nicht darüber hinwegtäuschen. Es fehlte unter anderem an einer verbindlichen Kommunikation mit potenziellen Interessenten, an Ausdauer und Hartnäckigkeit. Letztendlich ist sie mit ihren schönen Flyern gescheitert – das Projekt blieb nur wenige Monate am Leben, denn es meldeten sich kaum Interessenten für die angebotenen Seminare.

Deshalb schau, worauf du selbst gern reagierst. Was nimmst du gerne in die Hand, was liest du gern? Was spricht dich an? Ist es wirklich das Perfekte?

Denn zu viel Perfektion kann fast abstoßend sein. Bestimmt hast du die Erfahrung gemacht, dass manche Flyer oder Websites so professionell und vermeintlich einwandfrei gestaltet sind, dass man eher über sie hinweggeht als wirklich hinschaut. Denn es fehlt eine sichtbare Persönlichkeit darin.

Vor einigen Jahren hatte ich die Möglichkeit, mit einem Stand an einer Messe teilzunehmen. Ich war in diesem Bereich gänzlich unerfahren, und in meiner Naivität hatte ich lediglich einige Flyer und meine Bücher dabei. Um mich herum bauten die anderen Messeanbieter die wunderbarsten Stellwände und Tische auf. Mit Plakaten und Infotafeln, Blumen und Keksen für die Besucher. Alles teils Ton in Ton und aus einem Guss. Am Stand gegenüber war die Anbieterin sogar farblich passend zu ihrem Stand gekleidet. Ich stand vollkommen verloren herum. An so etwas hatte ich einfach gar nicht gedacht. Wie peinlich! Jetzt blieb mir nichts anderes übrig, als den Tag mit meinen wenigen Utensilien irgendwie zu gestalten.

Im Laufe des Tages machte ich aber eine ganz interessante Erfahrung. An meinem mickrigen und mehr als improvisiertem Stand blieben mindestens ebenso viele Besucher stehen und sind mit mir ins Gespräch gekommen wie bei meinen perfekten Nachbarn. Erklären konnte ich mir das nicht wirklich. Vielleicht war das Perfekte doch nicht so wichtig?

Du musst dir meine Naivität nicht zum Vorbild nehmen. Etwas Vorbereitung ist schon sinnvoll bei solchen Aktionen. Aber perfekt muss es nicht sein.

Platz schaffen

Dein Weg in die Veränderung hat begonnen. So langsam bekommt deine Vision klarere Konturen. Bevor sie noch konkreter werden darf, gibt es wichtige Schritte, die oft übergangen werden und so das weitere Vorankommen unnötig verlangsamen.

Wenn etwas Neues in dein Leben kommen soll, musst du etwas Altes abgeben. Du musst Platz machen. Für dein Haus oder deine Wohnung kannst du ja auch nicht ständig neue Möbel und Gegenstände kaufen, ohne irgendwann einige von den alten zu entsorgen.

Ausmisten

Das Abgeben kann sehr konkret sein: Dinge weggeben, aufräumen, räumlich Platz schaffen. Wartet das Altpapier auf die Entsorgung? Liegt ein Stapel Bücher in der Ecke, die du eigentlich verschenken wolltest? Oder hast du noch Kisten voller Zeug, das du irgendwann durchgehen und ausmisten möchtest? Auch wenn diese Gegenstände oder Aktivitäten auf den ersten Blick nichts mit deinem zukünftigen Projekt zu tun haben, können sie eine Signalwirkung entfalten.

Frida L. wollte ihre bisherige freiberufliche Arbeit als Webdesignerin mehr und mehr durch ein körpertherapeutisches Angebot ersetzen. Einige Jahre lang hatte sie sich darin ausbilden lassen und spürte ganz deutlich, dass ihr Herz viel mehr bei dieser Art Arbeit war. Es meldeten sich aber kaum Interessenten, obwohl sie viel Werbung für ihre neue Arbeit gemacht hatte. Irgendwann fing sie an, alte Unterlagen aus dem bisherigen Hauptberuf wegzuwerfen – kistenweise mittlerweile überflüssige Dinge. Sie wurde geradezu besessen davon, nur noch das zu behalten, was wirklich aktuell und nützlich war. Wenige Wochen nach der großen Räumaktion meldeten sich langsam, aber sicher immer mehr Interessenten. Es war Platz frei geworden. Erst räumlich und anschließend wohl auch auf ganz anderen Ebenen.

Rollen und Aufgaben verabschieden

Es geht aber nicht nur darum, gedanklich und räumlich Platz für etwas Neues zu schaffen, sondern auch zu prüfen, was du vielleicht nicht mehr bist. Welche Aufgabe oder Rolle in deinem Leben schon längst zu Ende ist. Vielleicht ist eine ganze Lebensphase vorbei?

Vielleicht warst du über viele Jahre Mutter oder Vater von kleinen Kindern, die jetzt eindeutig erwachsen geworden sind. Vielleicht ist es an der Zeit, dass ein Satz wie »Mama/Papa, ich brauche ...« irgendwann nicht mehr einen Soforthilfereflex in dir auslöst.

Wenn du immer diejenige warst, die für das Organisieren von Familienfeiern oder für die Nachbarschaftshilfe zuständig war, muss das jetzt vielleicht jemand anders übernehmen.

Warst du für die vielen Freundinnen bisher immer diejenige, die ein offenes und geduldiges Ohr für die vielen Alltagsklagen hatte, wirst du dein Zuhören jetzt vielleicht auf wirkliche Krisen beschränken. Oder hattest du in Freundschaften eine andere, vielleicht unausgesprochene Aufgabe, die du nicht mehr übernehmen möchtest?

Vielleicht warst du eine Partnerin, die in einer bestimmten Lebenssituation eine klar definierte Rolle hatte, die aber jetzt nicht mehr zum neuen gemeinsamen Leben passt? Vielleicht muss das Miteinander neu definiert werden?

Übung: Rollen und Erwartungen klären

Sorge für mindestens eine halbe Stunde ungestörte Zeit. Bereite dir einen gemütlichen Sitzplatz mit Notizblock und Stift in Reichweite vor.

Mache dir eine Liste mit Aufgaben, Rollen und Erwartungen, die du zurzeit erfüllst – angenehme und unangenehme, gewollte und nicht gewollte. Deine eigenen Aufgaben und Erwartungen und die, die andere Menschen dir übertragen oder an dich haben (Freunde, Familie, Nachbarn, Vereine und Gruppen).

Dann markiere diejenigen, die du nicht mehr erfüllen möchtest. Und notiere auch dazu, warum dies nicht mehr sein soll oder kann. Von welchen kannst du dich ganz leicht trennen oder bei welchen fällt es dir eher schwer? Wie kannst du diese Rollen oder Erwartungen gut verabschieden? Wäre ein kleines Ritual sinnvoll oder eine deutliche Geste? Musst du dies bestimmten Personen klar kommunizieren oder genügt es, dass du dich dagegen entscheidest?

Wenn es irgendwie möglich ist, achte darauf, dass du dich mit einem Gefühl von Dankbarkeit und Wertschätzung davon trennst. Es darf auch etwas Trauer dabei sein, wenn du dich von einer Rolle oder Aufgabe verabschiedest, die in deinem Leben einmal wichtig war.

Übung: Rituelle Abschiede

Wenn du etwas aus deinem Leben verabschieden musst, kannst du es auch durch ein kleines Ritual vollziehen. Kannst du für dieses »Etwas« einen symbolischen Gegenstand finden? Wenn du beispielsweise nicht mehr für die vielen Veranstaltungen deiner Gruppen und

Vereine Kuchen backen möchtest, kannst du vielleicht einen alten Rührlöffel »opfern«. Es muss auch nicht spektakulär verlaufen, indem du ihn in einem großen Feuer verbrennst oder dir ähnliche Aktionen überlegst. Es genügt ein ritueller, sehr bewusster Gang zur Mülltonne draußen im Hof und ein entschiedenes Hineinwerfen deines symbolischen Gegenstandes. Gönne dir danach aber unbedingt etwas Zeit, wirklich nachzuspüren, wie es dir jetzt damit geht und ob dieser rituelle Abschied stimmig für dich war.

Zeitfenster einplanen

Platz schaffen kannst du auch, indem du bewusst freie Zeiten in deinem Leben einrichtest, bevor sie mit gebuchten Terminen oder Aktivitäten belegt sind.

Wenn die Körpertherapeuten, die ich seit Jahren ausbilde, in eine nebenberufliche Tätigkeit starten wollen und noch gar nicht wissen, wie sie dies anpacken sollen, empfehle ich als Erstes, eine feste Zeitlücke in der Woche dafür einzurichten. Zum Beispiel jeden Donnerstag von 17 bis 19 Uhr für potenzielle Klienten frei zu halten. Dadurch entsteht im eigenen Bewusstsein ein freier Raum für genau diese Arbeit. Und es wird – auch ohne Worte – ein Signal nach außen gesendet. Bei vielen hat es sich daraufhin recht schnell »zufällig« ergeben, dass Menschen sich für das neue Angebot interessiert haben und donnerstags ab 17 Uhr auch Zeit dafür hatten.

Für meine Seminare steht die Terminplanung in der Regel mindestens ein Dreivierteljahr im Voraus fest, und der Kalender ist meist reichlich gefüllt. Kurzfristige Veränderungen sind kaum möglich, da die Seminare schon früh beworben werden.

Interessanterweise hatte ich für dieses Jahr eine überraschende Lücke von einigen Wochen gelassen. Überraschend deshalb, weil ich es selbst nicht so ganz verstanden habe, warum diese nicht ganz kleine Lücke in dieser Form entstanden war. Es wäre jedoch noch reichlich Zeit gewesen, sie sinnvoll zu füllen. Aber irgendetwas in mir sagte, ich solle sie als freie Zeit stehen lassen, denn ich würde sie brauchen. Und siehe da, als das Jahr sich entwickelte, war genau dann dieses Buch so weit in der Planung, dass ich die freien Wochen für die Gestaltung und erste Formgebung nutzen konnte. Danach stand mein Grundgerüst, und ich konnte im normalen Alltag weiter daran arbeiten. Ohne diese »Extra«-Wochen wäre dieses Buch wohl nicht so gut auf den Weg gekommen.

Was ist wirklich nötig?

Manchmal ist es auch notwendig, sich von vermeintlichen Selbstverständlichkeiten zu verabschieden.

Als ich noch in meinem ersten Beruf als selbstständige Übersetzerin arbeitete, haben viele Stammkunden mir ausgerechnet Freitagnachmittag dringende Aufträge zugeschickt, die bis Montagmorgen fertig sein sollten. Natürlich bedeutete das, dass ich wieder einmal am Wochenende arbeiten musste. In diesem Beruf ist so etwas leider gang und gäbe. Irgendwann war ich es aber leid. Ich wollte meine Wochenenden wieder für mich und meine Familie haben. Also habe ich beschlossen, solche Aufträge nicht mehr zu akzeptieren, selbst auf die Gefahr hin, einige Stammkunden zu verlieren. Als »Symbol« für meine Entschlossenheit schrieb ich in Großbuchstaben auf ein Blatt Papier ICH ARBEITE NICHT AN WOCHENENDEN und hängte dieses Blatt gut sichtbar über meinem Schreibtisch auf. Interessanterweise hörten die Freitagnachmittag-Anfragen sehr bald ganz von allein auf, obwohl meine Kollegen solche Anfragen auch weiterhin bekamen. Und die Stammkunden sind mir nicht verloren gegangen.

Was in solchen Fällen tatsächlich im Hintergrund geschieht und welche Kräfte hier am Werk sind, werden wir wohl nie richtig verstehen oder gar belegen können.

Wir strahlen aber unsere inneren Entscheidungen und unsere neu gewonnene Klarheit offenbar auch ohne direkte, verbale Kommunikation aus, und Menschen um uns herum nehmen es unterbewusst wahr.

Unmögliches möglich machen

Auf Zeichen achten

Bei aller sinnvollen Planung der einzelnen Aktivitäten dürfen wir einen ganz interessanten Faktor nicht vergessen. Ich nenne es »auf die Zeichen achten«, auf das glückliche, scheinbar zufällige Zusammentreffen von passenden Ereignissen – auch Synchronizität genannt.

Was heißt das?

Wenn wir uns mit einem Thema beschäftigen, ziehen wir Menschen und Dinge an, die in irgendeiner Weise damit zu tun haben. Verstärkt wird diese Wirkung interessanterweise oft, wenn wir in einem Zustand von Dankbarkeit sind. Eventuell sind wir dann offener und empfänglicher dafür. Wir entdecken zufällig ein passendes Fernsehprogramm. Wir reden mit wildfremden Menschen, die genau die Sätze sagen, die uns vielleicht weiterhelfen oder neu inspirieren. Vielleicht landen wir sogar beim Surfen im Internet aus unerklärlichen Gründen auf genau dieser einen Seite mit den passenden Informationen. Wir lernen neue Leute kennen, oder das passende Buch liegt in der Buchhandlung direkt vor unseren Augen. Vielleicht kommen die Hinweise sogar in unseren Träumen vor.

Aber auch in Dingen, die nicht gelingen, sind manchmal Zeichen verborgen. Mit welchen Menschen komme ich trotz aller Bemühungen nicht zusammen? Welche Pläne oder Absprachen werden nicht eingehalten?

Dazu gleich zwei meiner eigenen Erfahrungen:

Ich ging mit einem Thema schwanger, habe aber noch etwas gezögert, ob es so umgesetzt werden könnte. Für dieses Projekt hatte ich ein ganz konkretes Vorbild. Ein norwegischer Autor hatte vor vielen Jahren ein sehr schönes Buch über ein ähnliches Thema geschrieben. Und mein Traum war es, irgendwann auch so etwas Schönes gestalten zu können.

Auf einem Flug nach Südnorwegen musste ich auf dem Osloer Flughafen umsteigen. Beim Warten am Gate wollte ich noch schnell etwas in einem Laden um die Ecke erledigen und sprach den Mann neben mir an, ob er kurz auf meinen Koffer aufpassen könnte. Als ich mich für seine Hilfe bedankte und ihn dabei genauer anschaute, staunte ich nicht schlecht, denn ich hatte genau diesen Autor vor mir. Nun hat Norwegen nur fünf Millionen Einwohner, aber dennoch ... So groß war die Wahrscheinlichkeit nicht, dass gerade er neben mir sitzen würde. Ich habe dieses Zusammentreffen als kleines Zeichen dafür gedeutet, dass ich auf jeden Fall mein Projekt weiterverfolgen sollte.

In einer anderen Situation hatte ich Pläne für eine enge Kooperation mit einer Kollegin. Auf dem Papier sah alles wunderbar aus. Wir hatten ähnliche Vorstellungen, und der zeitliche Rahmen stimmte auch. Für die jetzt notwendigen persönlichen Treffen war es aber nicht möglich, gemeinsame Termine zu finden. Immer kam etwas dazwischen. Sie war plötzlich verhindert, oder eine von uns wurde krank, ein Termin wurde sogar regelrecht vergessen ... So ging das eine ganze Weile, bis ich irgendwann vorgeschlagen habe, unsere Pläne vorläufig auf Eis zu legen. Erst im Rückblick wurde mir klar, warum ein gemeinsames Projekt mit dieser Frau nicht gut war. Denn sie hat in den folgenden Monaten Eigenschaften an den Tag gelegt, die für unser Projekt ganz und gar nicht förderlich gewesen wären und die mit Sicherheit zu Konflikten geführt hätten. Außerdem zeigte es sich, dass ihre vordergründige Begeisterung für das Projekt stark von erhofften finanziellen Vorteilen getragen war und nicht wirklich von Herzfeuer für unsere Pläne.

Beispiel:

Tina Stein – Künstlerin:
»Immer, wenn ich gezweifelt habe, kam irgendetwas von außen. Entweder viel positive Resonanz oder viele Leute, die in meine Kurse kommen wollten. Es kam immer ein Zeichen, das mir gezeigt hat, dass dies eigentlich mein Weg ist und dass es Lösungen gibt. Auch wenn ich jetzt vielleicht gerade einen Durchhänger habe. Ich hatte immer wieder das Gefühl, ich werde erneut auf meinen Weg gestellt. Aber es gilt in solchen Situationen überhaupt wahrzunehmen, dass etwas Positives kommt. Also die Magie des Alltags lesen lernen. Irgendwie kriegt man immer Antworten, man muss nur die Ohren und die Augen aufhalten.«

Vielleicht magst du dir vornehmen, in den kommenden Wochen auf solche Zeichen zu achten. Vielleicht reservierst du dafür einige besondere Seiten in deinem Notizbuch oder trägst die Ereignisse in deinen Kalender ein. Hüte dich allerdings davor, sie zu bewerten. Es geht nicht darum, ob sie logisch sind oder du vielleicht denkst, sie könnten auch ganz andere Gründe haben, sondern nur darum, dass du sie bemerkt und wertgeschätzt hast. Beachte deine Notizen dann eine ganze Weile nicht mehr. Erst nach ein paar Monaten solltest du sie wieder hervorholen und noch einmal durchlesen. Denn jetzt erst zeigt sich, ob es zum Beispiel so etwas wie einen roten Faden gibt. Ob sich durch diese kleinen Zeichen etwas Neues angebahnt hat oder eine Bestätigung für bereits Beschlossenes sichtbar wurde.

Auch hier gibt es eine Gesetzmäßigkeit: Je mehr wir auf solche Zeichen achten und diese wertschätzen, umso mehr Zeichen bekommen wir. Und warum sollten wir auf eine solche Hilfe verzichten?

Und je häufiger wir sie ablehnen, wir ihnen gleich mit einem »Ja, aber« begegnen, umso länger dauert es, bis diese sogenannten Zufälle uns wieder widerfahren.

Raum für Wunder

Kannst du dir dein Herzensprojekt wirklich gut vorstellen? Dann ist es vielleicht eine Nummer zu klein … Alles, was du dir vorstellen kannst, könnte eine Nummer zu klein sein …

Das ist eine provozierende Behauptung – ich weiß.

Was nicht bedeutet, dass es nicht sinnvoll ist, etwas zu visualisieren. Denn wenn wir etwas Neues beginnen, ist es wichtig, sich die neue Stufe oder das Ziel wirklich vorzustellen, damit sie auch Wirklichkeit werden können.

Ein Aspekt wird dabei aber häufiger übersehen: Wir denken nicht groß genug. Vielleicht sind wir nicht mutig genug, vielleicht ist es einfach jenseits unserer greifbaren Vorstellung.

Wohin will ich mit dieser Aussage? Bei all den Plänen, die du gerade schmiedest, bei all den Wünschen und Sehnsüchten – lasse noch etwas Raum für das, was du dir heute noch nicht vorstellen kannst. Was aber in dein Leben kommen darf, wenn der Platz dafür frei gehalten oder geschaffen wurde. Du solltest Raum frei lassen für solche undenkbaren Möglichkeiten.

Du hast uneingeschränkte Möglichkeiten. Das bedeutet

nicht, dass du dich naiven Vorstellungen von Dingen hingeben solltest, die jenseits deiner realen Möglichkeiten liegen. Erst recht nicht, dass man nur Wünsche ans Universum zu schicken braucht, und dann bekommt man alles. Es werden dir weder Kunden noch Geld oder Erfolg einfach geschenkt. Du wirst arbeiten müssen. Aber lasse auch Raum für die Magie. Reichlich Raum.

Gelegentlich steigen wir wohl alle in ein Flugzeug. Nur selten denken wir dabei daran, welch ein Wunder es ist, dass dieser schwere Metallkoloss sich gleich leicht und elegant in die Luft erhebt und sich von dieser unendlich weit tragen lassen wird. Wir sehen die Luft ja noch nicht einmal, die hier für die entscheidende Aerodynamik verantwortlich ist. Wir müssen darauf vertrauen, dass das für uns unsichtbare und unverständliche Zusammenspiel uns tatsächlich tragen kann und sicher ans Ziel bringen wird. Und das Wunder geschieht. Es klappt! Immer und immer wieder.

Vertraust du dem Wunder, das du gerade in die Wege geleitet hast?

Übung: Wunder brauchen einen festen Platz

Wenn wir schon die Wirkung von Wundern nutzen wollen, gibt es eine schöne kleine Übung, die eine große Hilfe sein kann. Denn damit etwas Wunderbares wirklich in dein Leben kommen kann, musst du zuerst eine heilige Ecke in deinem Herzen für dieses Wunderbare einrichten.

Spüre tief in dich hinein. Wo genau in deinem Herzraum könnte eine solche heilige Ecke einen guten Platz finden? Reserviere dann diesen Raum ganz exklusiv für das Wunder – für deinen tiefen Wunsch, für deine Vision. Und dann lade es ein, sich dir zu offenbaren. Habe

Geduld. Es ist ein scheues Tier und braucht eine Weile, um festzustellen, dass der Raum in deinem Herzen wirklich dauerhaft da sein wird. Dass es dort immer willkommen und gut aufgehoben sein wird. Und dass du nicht zögern wirst, es reinzulassen.
Und dann erwarte das Wunder ...

Die regelmäßige Verbindung mit deinem Projekt

Freie Zeiten

Irgendwann merkst du, du hast dich in dieses unbekannte Ideenwesen verliebt. Du kannst einfach nicht aufhören, daran zu denken und dir auszumalen, wie sich euer gemeinsames Leben gestalten wird.

Dieser Zustand ist sogar ganz entscheidend, damit daraus auch Wirklichkeit wird. Genieße die Leichtigkeit dieser ersten Wochen und Monate – das Gefühl, dass alles möglich sein wird.

Entscheidend ist es jetzt, für die kommende Zeit eine tiefe Liebesbeziehung mit deinem Traum einzugehen. Aus dem ersten, vielleicht spontanen Verliebtsein und einer kopflosen Schwärmerei in eine wirkliche Liebe hineinzuwachsen.

Und aus Erfahrung weißt du, eine Liebesbeziehung verschiebt nichts auf die nächste Woche oder gar auf den nächsten Monat, weil man einfach keine Zeit hat. Wenn du verliebt bist, staunst du, wie viel Zeit du eigentlich hast. Überall in deinem Alltag sind doch noch kleine Zeitlücken vorhanden. Also richten wir doch gleich einen festen Raum dafür ein.

Vielleicht machst du dir sogar klar, wie viel konkrete Zeit du am Tag oder pro Woche für dein Projekt einrichten kannst, und machst dann feste Termine mit dir selbst. Auch wenn es nur eine Stunde in der Woche ist, ist es besser als gar nichts.

Der Benediktinermönch und Bestsellerautor Anselm Grün

wurde einmal gefragt, wie er es als sehr beschäftigter Geschäftsführer seines Klosters, gefragter Vortragsredner und Seminarleiter überhaupt fertigbringe, so viele Bücher zu schreiben. Er könne doch unmöglich Zeit dafür haben. Und er antwortete, doch, er habe schon Zeit, sechs Stunden pro Woche. Diese Stunden seien fest reserviert – mal ganz früh morgens vor der Arbeit im Kloster oder auch abends nach getaner Arbeit.

Du merkst schon, es geht nicht um unendlich viel freie Zeit, sondern in erster Linie darum, dass überhaupt Zeit freigehalten wird.

Stimmung

Sinnvoll ist es, täglich – und dabei meine ich wirklich täglich – etwas für deinen Traum zu tun. Beginnen solltest du immer mit etwas, das dich in die Schwingung deines Traumprojekts hineinträgt. Du brauchst etwas, das dich ganz nah an deinen Traum bringt. Denn du brauchst das dichte, intime Gespräch mit deiner Vision. Wenn du das nicht wirklich regelmäßig führst, gehst du verloren oder erschöpfst dich zu sehr.

Wichtig ist es, täglich in der »Stimmung« deines Projekts zu sein, auch wenn es nur für wenige Minuten ist. Und du wirst sehen, indem du dein Verliebtsein täglich aktivierst, wird der Rest des Tages mit all den Pflichten, die anstehen, in ein anderes Licht getaucht werden. Und du signalisierst allen Kräften dieses Universums, dass dein Traum nicht etwas ist, was warten kann bis irgendwann, sondern dass dieser Traum für dich erste Priorität hat.

Übung: Die körperliche Wahrnehmung

Es ist ganz wichtig, dein Traumprojekt nicht nur im Kopf zu haben, sondern auch als körperliches Gefühl.
Tauche für einen Moment wieder in deine Vision hinein. Bade so richtig in der Vorstellung von dem, was entstehen möchte, und spüre danach, an welcher Stelle in deinem Körper diese Vorstellung sich lebendig zeigt. Im Kopf, im Herzen, im Bauchraum? Wie zeigt es sich? Als offene große Fläche oder als kleine geborgene Höhle? Gibt es eine bestimmte Farbe, einen Geruch, eine besondere Sinnlichkeit?
Pflege diese Stelle in deinem Körper als erste manifestierte »Heimat« für deinen Traum. Bei den weiteren Wegen in diesem Buch kannst du immer wieder zu dieser Stelle zurückkehren und dich damit verbinden.

Klarheit gewinnen

Wenn du schon etwas Übung darin hast, in der zukünftigen Energie deines neuen Lebens zu sein, frage dich, wie du jetzt schon in dieser Energie leben könntest? Was müsstest du dafür tun? Warum?

Verbindung mit deinen Kunden

Gut ist es auch, dich immer wieder mit deinen Traumkunden zu verbinden. Am Anfang des Buches hast du ja schon einen ersten inneren Kontakt mit diesen Menschen aufgenommen.

Beim Schreiben dieses Buches bin ich morgens zuallererst mit euch Lesern »ins Gespräch« gegangen. Ich habe mich gefragt, was ihr gerade braucht, welche Einwände ihr vielleicht zu dem habt, was ich gerade schreibe, oder welche Fragen bei euch gerade auftauchen. Und da ich euch als zukünftige und mir noch unbekannte Leser natürlich nicht alle komplett erfassen konnte, hatte ich immer auch zwei bis drei reale Menschen im Kopf, die ich bereits kannte und von denen ich wusste, dass sie später Freude an diesem Buch haben würden.

Hilfe für aktuelle Schritte

Wenn du bereits etwas Erfahrung gewonnen hast in der genaueren Beschreibung und Wahrnehmung deiner Vision, kannst du diese Übung als Hilfe für die anstehenden Schritte benutzen:

Übung: Eintauchen in die Zukunft

Stelle dir erneut vor, deine Vision sei bereits Wirklichkeit geworden. Du besuchst sozusagen ein Ziel, das in der Zukunft liegt. Gönne dir etwas Zeit, dein erreichtes Ziel genauer zu formen und zu gestalten. Es soll genau so sein, wie du es dir in deinen tiefsten Träumen vorstellst. Du kannst es genau spüren und mit allen Sinnen wahrnehmen.

Wie fühlst du dich dort? Wie riecht es dort? Wer ist mit dir zusammen? Wie sieht die Umgebung aus? Was kannst du hier tun?

Dann gehst du von dort aus schrittweise auf der »Zeitlinie« zurück zu dem Punkt, an dem du heute stehst. Unterwegs schaust du dir genau an, welche Schritte du unternommen hast, um an dein Zukunftsziel zu gelangen.

Was war notwendig? Was musste geschehen? Wo war es wichtig, dass du bestimmte Entscheidungen getroffen hast? Wo hast du vielleicht Mut gebraucht? Wie hast du es hinbekommen? Gab es besondere Meilensteine? War es auch wichtig, etwas Bestimmtes nicht (länger) zu tun? Und wenn du an deinem heutigen Punkt angelangt bist, drehst du dich wieder zu deinem Zukunftspunkt um und betrachtest deinen Weg dorthin noch einmal.
Ich bin sicher, dass dein Unterbewusstsein dir hier ganz wertvolle Informationen liefern wird.

Tägliche Aktivitäten

Zeige deinem Traum, dass du da bist!

Am besten täglich. Nicht immer kannst oder willst du aber Stunden für die Vorbereitung verwenden. Manchmal genügt es, wenn du dir ein paar Gedanken aufschreibst, die dir zu deinem Projekt gerade durch den Kopf gehen. Vielleicht hast du etwas gehört oder gelesen, das gut dazu passt. Oder du hast heute Nacht gar etwas geträumt, was nicht verloren gehen sollte. Vielleicht musst du ein kurzes Telefonat führen oder eine Kleinigkeit recherchieren.

Beispiel:

Christine Pehl – Coach und Unternehmensberaterin:
»Es ist wichtig, Qualitäten eines ›Dranbleibens‹ zu entwickeln, wirklich täglich etwas für das Unternehmen zu tun, auch in kleinen Schritten immer in der Aktivität zu bleiben – besonders in Phasen, in denen man durch Nebel und Ungewissheit geht. Zu Beginn half mir das Bild, dass ich den Kahn immer wieder ins Wasser ziehen muss, und wenn er dann schwimmt, geht alles leichter.«

Für mich hat es sich als hilfreich herausgestellt, eine stille Zeit am Morgen frei zu halten. Fast immer werde ich schon um vier oder fünf Uhr von allein wach. Das sind für mich geschenkte Stunden, in denen keine Pflichten nach mir rufen. Ich setze mich mit einer Tasse Kaffee ins halbdunkle Wohnzimmer, zünde meist ein paar Kerzen an und lege mir Stift und Papier bereit. In dieser Zeit stimme ich mich auf den Tag ein, und dabei kommen mir fast immer einige Gedanken und Ideen für das aktuelle Projekt in den Sinn. Wenn sie interessant sind, halte ich sie schriftlich fest. Sonst sitze ich nur in der Stille. Manches davon wird ein To-do-Punkt für den Tag, anderes darf ruhen und später in eines meiner vielen Projekte integriert werden.

Andere Menschen nützen die Zeit in der Straßenbahn oder eine späte Abendstunde. Prüfe, welche Zeiten für dich günstig sind.

Etappen einbauen

Auf deinem langen Weg der Veränderung ist es auch wichtig, in Etappen zu denken, sonst wirst du eventuell davon erschlagen, wie weit der Weg zu sein scheint. Du musst nicht genau wissen, welche Etappen insgesamt anstehen. Es genügt, die nächsten zwei oder drei Etappen vorauszudenken.

Wichtig ist dabei, dass du bewusst wahrnimmst, dass ein weiteres Etappenziel erreicht ist, dies vielleicht sogar ein wenig feierst oder dir eine Verschnaufpause gönnst zur Stärkung für die weiteren Schritte.

Bei größeren Projekten besteht immer die Gefahr, dass du dich unterwegs verzettelst und nicht wirklich vorankommst. Eine Hilfe kann dabei sein, einen groben Zeit- und Etappenplan zu entwickeln.

Wo willst du hin? Wie kannst du den Weg dorthin in Monats-, Wochen- und Tagesplänen so weit in kleine Einheiten herunterbrechen, dass sie machbar sind und dich nicht überfordern? Und dann diese kleinen Einheiten aber auch wirklich verbindlich TUN.

Vielleicht magst du gar systematisch am Ende einer Woche kurz prüfen und schriftlich festhalten, was du erreicht hast, was alles schon erledigt wurde. Aber auch, was anders gekommen ist als geplant und vielleicht anders oder neu im Fokus der kommenden Woche stehen sollte. So hast du später auch eine Art Entstehungstagebuch. Ein solches System hilft dir auch dabei, dich nicht in den vielen Aktivitäten zu verlieren, und du nimmst bewusster wahr, was alles schon entstanden ist und was du alles schon geleistet hast.

Eine solche Überprüfung kannst du dann auch zu einer eventuellen Kurs- oder Tempokorrektur benutzen.

Übung: Eine konkrete Zeitplanung

1. Nimm dir wenigstens für die nächsten vier Wochen vor, eine solche Planung zu machen. Meine Empfehlung ist auch hier, alles unbedingt schriftlich festzuhalten. Egal ob du lieber auf einem Blatt Papier schreibst oder am Computer. Beantworte für dich die folgenden Fragen: Was möchtest du in einem Monat erreicht haben? Welche Ergebnisse willst du haben? Was musst du dafür genau tun?
2. Teile diese Aufgaben jetzt in vier Wocheneinheiten ein. Bleibe dabei realistisch, so dass sie auch machbar sind.
3. Teile anschließend die erste Wocheneinheit in fünf Tageseinheiten.
4. Jetzt kannst du gleich loslegen mit deinem ersten Tag. Und denke daran, du machst heute den ersten Schritt, nicht den dritten. Was ist heute der allererste Schritt?

Halte später schriftlich fest, welche Schritte heute auch wirklich stattfanden. Mache diese Planungen aber unbedingt so, dass du flexibel genug bist. Es kommt immer etwas dazwischen. Es hat sich bewährt, nur die Hälfte der möglichen Arbeitsstunden wirklich fest zu verplanen – umso befriedigender ist es dann, wenn du mehr schaffst als geplant. Du wirst auf deine Alltagsereignisse reagieren müssen, auf all die kleinen und großen Widrigkeiten, die wir alle erleben. Und dennoch, ohne Planung geht dein Vorhaben meist verloren. Die Planung ist eine Hilfe, um immer wieder zu deinem Projekt zurückzukehren.

Die sinnlichere Tagesplanung

Damit es nicht nur eine nüchterne To-do-Liste wird, können auch einige der folgenden Fragen eine Hilfe sein:

- Was könntest du heute tun, um deinem Traum näher zu kommen?
- Welche Sache ist heute die wichtigste für dein Projekt?
- Was müsstest du heute tun, damit du heute Abend so richtig zufrieden mit dir bist?
- Was möchte heute entstehen? Was will dieser Tag von dir?
- Was möchte das Projekt heute von dir? Was meldet sich hartnäckig zu Wort?
- Was lockt dich heute besonders?

Beantworte diese Fragen zunächst wirklich nur für den heutigen Tag.

Manchmal kommen dann andere Antworten als die logischen und rationalen, die wir ohnehin schon im Kopf hatten. Und sie sind dann nicht wichtiger, aber genauso wichtig.

Dabei solltest du nicht vergessen, dass du auf solche Hinweise auch immer in irgendeiner Form reagieren solltest. Und sei es mit einer kleinen Antwort-Handlung. Tue irgendetwas von dem, was dir vermittelt wurde. Wenn wir solche Hinweise nicht würdigen, kann es sein, dass sie sich in Zukunft nicht so deutlich zeigen.

Intentionen

Hilfreich kann es auch sein, sich für einen Tag, eine Woche oder einen Monat eine bewusste Intention zu setzen – so etwas wie ein Motto. Damit richtet sich dein Fokus in eine bestimmte Richtung und arbeitet auch unbewusst weiter.

Mögliche Intentionen können beispielsweise folgende sein:

- Ich gewinne diese Woche mehr Klarheit für mein Projekt.
- Ich bin heute voller Elan für meine neuen Pläne.
- Ich bin diese Woche ganz zuversichtlich.
- Ich bewältige diese Woche einige Aufgaben, die mir bisher schwerfielen.
- Ich schreibe heute konzentriert an meinen neuen Websiteinhalten.
- Ich finde heute notwendige Informationen für weitere Aktivitäten.
- Ich bin heute ganz mutig und werde Folgendes tun …

Wichtig ist, dass der Intentionssatz in Gegenwartsform ausgesprochen wird, nicht als Absicht für die Zukunft. Die Intention hat eine stärkere Wirkung, wenn unser Unterbewusstsein das Signal bekommt, es wäre schon alles eingetreten.

Ich schreibe mir an jedem Wochenanfang auf, worauf ich mich in den kommenden Tagen fokussieren und was ich erreichen möchte. Das ist nicht das Gleiche wie meine To-do-Liste mit den konkreten Aktivitätsschritten und Aufgaben, sondern eher eine allgemeinere Absichtserklärung, vielleicht auch einfach ein tiefer Wunsch. Am Ende der Woche staune ich immer wieder, dass es mir tatsächlich sehr oft genau so gelungen ist.

Wiederhole deine Geschichte

Eine schöne Übung ist es auch, in bestimmten Phasen immer wieder dein ideales Leben mit einem schon realisierten Projekt aufzuschreiben. Oder du stellst dir vor, wie du einer anderen Person begeistert davon erzählst. Unser Gehirn unterscheidet erst einmal nicht zwischen unseren Vorstellungen und der Realität, d. h., es werden die gleichen Gefühle ausgelöst und du bist in den Energiefrequenzen der künftigen guten Lage. Du bekommst neue Kräfte und kannst weitere Aktivitäten anpacken. Und deine positive Energie zieht die passenden Ereignisse an.

Du merkst dabei auch, was sich alles in deiner Vorstellung ändert, wenn du es immer wieder neu aufschreibst oder erzählst. Vielleicht werden einige Punkte langweilig und können weggelassen werden. Vielleicht kommen interessante Details hinzu. Vielleicht ändert sich gar das Ziel. Das Unterbewusstsein spielt hierbei eine große Rolle und liefert gegebenenfalls entscheidende Informationen, die dein Gehirn nicht bewusst zur Verfügung hatte.

Innen und außen

Du weißt jetzt, wohin du möchtest. Aber verhältst du dich im Außen auch so, dass deine Teiletappen oder Ziele erreicht werden können? Wenn du große Ziele hast, aber nicht wirklich anfängst, konkrete Dinge anzupacken, wird es dir nicht gelingen, Ergebnisse zu erzielen.

Stehen deine Gedanken in Einklang mit den Etappenschritten? Oder stellst du dir ein Bein, indem du laufend zögerst oder »ja, aber« sagst? Unterschätze nicht die Kräfte, die durch

Zweifel verloren gehen. Für dein Bewusstsein ist das wie »ein Schritt vor und zwei zurück«. Erlaube dir, dass du in deinen Gedanken ein Fan von dir bist und so richtig überzeugt von all dem, was du gerade auf die Beine stellst.

Übung: Die Zweifel bändigen

Wenn die zweifelnden Stimmen zu laut werden, habe ich zwei Tricks für dich.

Du stellst dir vor, die Stimme wäre mit einem Lautstärkeregler ausgestattet und du könntest sie langsam und sehr bewusst (vielleicht sogar genüsslich ...) leise drehen.

Wenn die kritische Stimme dir mental eher als reale Person erscheint und gerade neben dir steht, hast du die Macht, diese Person ganz einfach aus dem Zimmer zu schicken mit einem klaren »Jetzt nicht!« Und vergiss nicht, die Tür hinter ihr zuzumachen ...

Eine Aufgabe wirklich zu Ende bringen

Hier kommt ein Bauchwehtrick. Bauchweh im doppelten Sinne: ein Trick für etwas, das dir Bauchweh bereitet. Und ein Trick, der im ersten Moment Bauchweh verursacht, denn du musst etwas tun, das unangenehm ist.

Wir drücken uns gerne vor unangenehmen Aufgaben. Wer kennt nicht die unendliche Warteschleife, in der Aufgaben wie Steuerfragen, Buchhaltung, Versicherung etc. lauern. Vielleicht stehen bei dir auch konkrete Themen an, wie etwa eine Sondergenehmigung bei deinem aktuellen Arbeitgeber zu beantragen, damit du nebenberuflich mit deinem Projekt starten darfst. Oder ein Gespräch mit deinem Lebenspartner und deiner Familie über finanzielle und zeitliche Konsequenzen.

Das Ergebnis des Aufschiebens ist aber recht verheerend: Du bist unzufrieden mit dir, machst dir vielleicht Vorwürfe, und deine Pläne verlieren an Klarheit. Irgendwann wirst du vielleicht unsicher oder fühlst dich gebremst. So wie es mir auch schon passiert ist.

Eigentlich wollte ich nur bei einer Behörde anrufen, um eine wichtige Information für meinen weiteren beruflichen Weg zu bekommen. Aber ich wusste um die langen Warteschleifen in der Telefonzentrale – wahrscheinlich würde ich von Hinz zu Kunz geschickt werden, weil niemand so richtig über meine Frage Bescheid wüsste. Anschließend würden sie sicherlich bestimmte Unterlagen von mir haben wollen – und wo habe ich diese gerade abgelegt? Oder werde ich sie sogar neu zusammenstellen müssen, womöglich sogar neu anfordern? Das würde wieder viel Arbeit und Zeit bedeuten.

So fand ich täglich einen Grund mehr, diese Aufgabe heute nicht anzupacken, und die folgenden Aktivitäten mussten deshalb auch warten. Als ich mich endlich durchrang und tatsächlich bei dieser Behörde anrief, war meine Anfrage in fünf Minuten beantwortet und meine Nacharbeit dazu in etwa einer Viertelstunde erledigt. Für insgesamt 20 Minuten Arbeit hatte ich eine wichtige Aufgabe monatelang auf meiner To-do-Liste vor mir hergeschoben.

Wenn du unangenehme Aufgaben erledigst, fühlst du dich gleich leichter. Du gewinnst neuen Mut, frische Energie und bekommst gleich Lust auf weitere Aktivitäten. Garantiert.

Probiere es aus. Bringe in den nächsten drei Tagen jeden Tag eine lange aufgeschobene Aufgabe wirklich zu Ende. Wenn das getan ist, setze gleich eine neue, ebenfalls schon lange aufgeschobene Aufgabe für die nächste Woche auf deine »Will-do«-Liste. Und so weiter …

Du wirst sehen, je weniger Bauchwehaufgaben, je weniger Anlässe für ein schlechtes Gewissen sich auf deiner Liste befinden, umso leichter kannst du anstehende Aufgaben wirklich anpacken.

Ich persönlich gehe sogar noch einen Schritt weiter. Jeden Morgen erledige ich zuallererst eine wirklich lästige Aufgabe. Oft ist sie in wenigen Minuten getan. Aber allein die Tatsache, dass diese Aufgabe jetzt auf meiner Liste abgehakt ist, gibt mir Energie für die nächsten zehn …

Und ich habe noch einen weiteren Trick für dich. Gerade wenn es um unangenehme Veränderungen oder schwere Schritte geht, die möglicherweise dauerhafte Auswirkungen haben könnten, mogele ich ein bisschen. Ich trickse meinen inneren Widerstand aus, indem ich mir verspreche, dass ich diese unangenehme Veränderung oder den schweren Schritt »nur heute« oder »nur einmal« machen werde. Denn dieses »nur« signalisiert, dass ich es bewältigen kann. Ich verspreche nicht, etwas ein Leben lang regelmäßig zu tun, sondern »nur heute«.

Und morgen bin ich dann sowieso zu weiteren Schritten bereit, weil ich ja gestern schon erfahren habe, dass es sich gut anfühlt.

Willst du noch einen Trick wissen? Wenn dir eine Aufgabe besonders schwer vorkommt, entweder, weil du noch nicht weißt, ob du es wirklich kannst, oder weil du etwas Unangenehmes dafür tun musst – dann probiere, diese Aufgabe in drei bis fünf Stufen einzuteilen, so dass du als ersten Schritt nur eine Stufe nehmen musst.

Für mein erstes Buch hatte ich ergänzende Tonaufnahmen mit Übungen und Meditationen geplant. Aber wie sollte ich das schaffen? Ich hatte doch gar keine Ahnung von der Technik. Ich fragte mich: Mit welchen Programmen und Systemen wird denn so etwas aufgenommen? Wie komme ich an ein vernünftiges Mikro? Muss ich lernen, Aufnahmen zu bearbeiten und zu schneiden?

Monatelang schob ich dieses Kleinprojekt vor mir her, und irgendwann habe ich dann beschlossen, auf aufwändige Bearbeitungsprogramme und super Aufnahmemodalitäten gänzlich zu verzichten. Stattdessen habe ich ganz klein angefangen, mit einem einfachen Mikro und einem simplen Aufnahmeprogramm, das sowieso auf meinem Computer installiert war. Damit habe ich die ersten Aufnahmen gemacht. Auf den ganzen Schneideprozess habe ich verzichtet, dafür lieber die Aufnahmen mehrfach eingesprochen, bis ich damit zufrieden war.

Zugegeben, professionell sieht anders aus. Aber ich hatte schon einige erste Aufnahmen und war dadurch etwas beruhigt. Für die späteren Aufnahmen kam dann nach und nach etwas mehr Technik hinzu.

Vorübergehende Verirrungen

Gelegentlich gehst du verloren. Du verirrst dich in den vielen Plänen und Aufgaben. Du siehst vielleicht nur klein-klein und verlierst dabei die Verbindung zu deinem Traum.

Keine Panik. Das ist normal. Und nicht nur normal, sondern es hat auch einen Sinn.

Wenn du dich auf einer langen Wanderung verirrst, musst du anhalten. Für eine Weile stehen bleiben, dich umschauen und dich neu orientieren. Wo bist du hier? Was wolltest du noch mal? Dann kannst du dein Ziel prüfen und die aktuelle

Richtung neu entscheiden. Denn der Weg kann nie im Voraus festgelegt werden. Er muss immer unterwegs neu angepasst werden. Und wenn wir uns nicht gelegentlich verirren und verloren gehen, vergessen wir, unseren Weg neu zu überprüfen.

So entdecken wir die schönsten neuen Wege oder Aussichtspunkte rein zufällig, weil wir uns verirrt haben – das ist zumindest eine Erfahrung, die ich auf vielen Wanderungen gemacht habe.

Wenn der Weg im Voraus genau geplant werden könnte, wäre der Weg mit großer Wahrscheinlichkeit nicht der beste, sinnvollste oder attraktivste ... Und wahrscheinlich hast du dann schon zu klein oder zu eng gedacht. Denn in der Offenheit der ungeplanten Entwicklung, in den (jetzt noch) ungeahnten Chancen und den sich erst mit der Zeit öffnenden Türen liegt der ganz besondere Reiz.

Für mich ist die größte Gefahr, verloren zu gehen, eine zu ausufernde To-do-Liste. Dann sehe ich sozusagen den Wald vor lauter Bäumen nicht mehr. Und muss mich fragen, wo ich eigentlich hinwollte. Und was wäre dann heute das Allernotwendigste, das Allerwichtigste, um meinem Ziel etwas näher zu kommen? Sozusagen kurz vom Nahblick in den Fernblick umzuschalten, und dann wieder in den Nahblick.

Ist es wichtig oder dringend?

Eine weitere Gefahr der Verirrung ist die Vermischung von wichtig und dringend. Wir erledigen automatisch zuerst die dringenden Dinge. Diese sind aber nicht unbedingt die wirklich wichtigen Dinge.

Der Unterschied wird klarer mit dem sogenannten Eisenhower-Prinzip:

A-Priorität haben Dinge, die sowohl dringend als auch wichtig sind. Beispielsweise etwas, das heute fertig sein oder abgegeben werden muss, wenn weitere Aktivitäten folgen sollen, oder was ernstzunehmende Konsequenzen hätte, wenn es nicht getan wird.

B-Priorität haben Dinge, die nicht unbedingt heute erledigt werden müssen, die aber ganz wichtig für dein Projekt sind. Dazu gehören zum Beispiel auch Planungsaufgaben, Konzepte entwerfen etc. Für solche Aufgaben solltest du klare Termine mit dir selbst vereinbaren.

C-Priorität haben Dinge, die anscheinend dringend sind, aber nicht wirklich wichtig. Das können eingehende Anrufe sein, die heutige Briefpost oder alles, was in dein E-Mail-Fach hereingekommen ist. Mit solchen Dingen beschäftigen wir uns oft zuallererst und vergessen dabei häufig die B-Prioritäten. Dabei können viele C-Punkte bei genauerem Hinsehen gleich in die D-Gruppe verschoben werden.

D-Priorität haben all die Aufgaben, die weder wichtig noch dringend sind. Alles, wobei nichts Entscheidendes passieren würde, wenn du sie einfach nicht beachtest. Auch hierzu gehören viele E-Mails, irgendwelche Informationen und Artikel, die neuesten Nachrichten auf den Social-Media-Seiten etc. In intensiven Aufbau- und Gestaltungsphasen ist es unabdingbar, dieser D-Gruppe wenig Beachtung zu schenken. Wenn es dich beruhigt, kannst du sie alle in einen Ordner mit der Aufschrift »Später« verschieben. Du wirst staunen, wie viel davon du später gleich löschen wirst.

Übung: Der goldene Faden

Bei drohenden Verirrungen kann diese Übung helfen:
Stelle dir vor, dass es tatsächlich einen goldenen Faden zwischen dir und deinem Herzensprojekt gibt. Er leuchtet sogar im Dunkeln, er zeigt dir immer den Weg und führt dich dorthin, wo du hinmöchtest. Du weißt genau, wie der Faden sich in deiner Hand anfühlt, die Struktur der einzelnen Fasern, die Wärme in deiner Handfläche. Was macht es mit dir, dass dieser goldene Faden existiert? Wie geht es dir dabei?
Du kannst sicher sein, der Faden bleibt, auch wenn er mal dünner wird oder verblasst. Er reißt nie.
Was braucht dieser Faden, um stark, leuchtend und kräftig zu sein?
Sobald du unsicher wirst oder das Gefühl hast, du hast dich verirrt, hältst du Ausschau nach dem leuchtenden goldenen Faden und spürst ihn wieder in deiner Hand.

Ausdauer

Untersuchungen mit erfolgreichen Unternehmern haben gezeigt, dass ihr Erfolg nicht in erster Linie auf ihre besondere Intelligenz oder Kreativität zurückzuführen ist, sondern auf ihre Fähigkeit, trotz Schwierigkeiten ihre Ziele weiterzuverfolgen, nicht aufzugeben und stur weiterzumachen, bis sie ihr Ziel erreicht haben.

Beispiel:

Claudia Kauscheder – Online-Trainerin:
»Ich bin zwar schnell für alles Mögliche zu begeistern – ich vergleiche mich manchmal mit einem Welpen, der auf eine bunte Blumenwiese rennt und mal an der einen Blume schnuppert und dann an der anderen und alles toll findet. Aber wenn ich mich dann für die rote Blume entschieden habe, dann bleibe ich sehr hartnäckig dran.«

Bei der Umsetzung von Projekten gibt es immer auch eine lange Reihe grauer Tage. Manche Dinge sind so unglaublich langweilig. Es gibt unendlich viele Aufgaben, die alles andere als prickelnd sind. Viel Bürokratie, Wiederholungen, Listen und Tabellen erstellen, vielleicht Kisten auspacken, räumen, putzen.

Nicht zu unterschätzen sind auch die Tage, an denen du einfach müde und mutlos bist. Vielleicht hast du dich schon lange enorm angestrengt und so viel Elan in deinen Traum hineingesteckt, dass du gerade nicht mehr kannst. Vielleicht sind dein Umsatz und sonstige messbare Ergebnisse deiner Arbeit gerade alles andere als rosig. Dann ist es wichtig zu wissen, dass es vollkommen in Ordnung ist, einen kleinen Durchhänger zu haben. Entscheidend ist nur, dass du nicht in diesem Tief hängen bleibst. Sondern dass du prüfst, wo du die symbolische Leiter finden kannst, auf der du aus dem Loch klettern kannst.

Beispiel:

Haga – Spielzeuggeschäft »spielbar« in Saarbrücken:

»In unseren ersten Jahren war es wirklich schwer. Zu der üblichen Aufbauphase kam eine ganz lange Baustellenphase in unserer Straße hinzu. Um uns herum haben ganz viele Geschäfte in der Zeit zugemacht. Kaum jemand hat gedacht, dass wir diese Phase überleben. Ich hatte aber das Gefühl, wenn wir das schaffen, dann sind wir durch. Dann bleiben wir hier auch.

Statt uns in dieser schwierigen Zeit zu verkrümeln, haben wir uns noch mehr präsentiert, sind wir noch stärker mit Aktionen nach außen gegangen. Es war schon mehr Aufwand, aber wenn ich heute zurückblicke, hat es sich gelohnt. Manchmal muss man da einfach durch.«

Was brauchst du in einer schwereren Phase? Vielleicht Kontakt mit Menschen, die solche Situationen selbst kennen und deshalb besser einschätzen können? Vielleicht so etwas Einfaches wie mehr Schlaf, Bewegung, Sonnenlicht, gute Gespräche und leichte Stunden mit Freunden? Vielleicht tatsächlich einfach eine Pause – eine kleine Auszeit von deinem vielen Tun. Solange es dir klar ist, dass es wirklich eine Erholungspause ist und nicht ein Verschieben, weil du dich vor entscheidenden Schritten drückst, spricht überhaupt nichts dagegen.

Prüfe in solchen Phasen auch, ob du in letzter Zeit deine Kräfte in Aktivitäten verloren hast, die nirgendwohin geführt haben, oder ob du zu häufig Rückschläge erlitten hast.

Übung: Lichtfunken

Stelle dir für einen Moment vor, dass du eine Lichtkugel bist, die lauter Lichtfunken nach außen schickt. Manche sind ganz zart und verpuffen schnell, andere sind kräftig und leuchten lange.

Wenn du dir jetzt deine Aktivitäten in den letzten Monaten anschaust, welche Lichtfunken hast du dabei in die Welt hinausgeschickt, mit welchen Inhalten und Themen? In Form von welchen konkreten Aktivitäten? Was davon ist verpufft und was kam als stärkeres Licht zu dir zurück? Kannst du Bereiche erkennen, in denen du dich nur angestrengt hast und deine Energie verloren gegangen ist?

Durchhaltevermögen ist keine Eigenschaft, die man mitbringen muss. Du kannst immer lernen, länger durchzuhalten.

Je häufiger wir etwas aufgeben, umso schlechter fühlen wir uns. Deshalb ist es wichtig, sich immer wieder Ziele zu setzen, die man auch erreichen kann. Das Hochgefühl, das daraus entsteht, kann man nutzen, um Mut zu bekommen für weitere Schritte. Wir signalisieren uns dabei, dass wir uns tatsächlich entschieden haben, dass wir etwas wirklich wollen, dass wir es wert sind, diesen Erfolg zu erleben, und dass wir absolut bereit sind, alles dafür zu geben.

Wenn wir wissen, wohin wir wollen und welche Teiletappen gerade vor uns liegen, geht unser Fokus automatisch dorthin. Das sogenannte Gesetz der Anziehung hilft uns dabei. Diese Regel besagt, dass wir das anziehen, worauf wir uns am meisten konzentrieren.

Jeder von uns hat das wahrscheinlich schon einmal erlebt: Wenn wir uns intensiv mit einem Thema beschäftigt haben und etwas wirklich sehr wollten, dann ist es sehr häufig auch in unser Leben gekommen.

Nicht immer muss man dabei das ganz große Ziel vor Augen haben, sondern den Fokus eher auf Etappenziele richten.

Oft sehen wir nur die Meilensteine, die anstehen, und lassen uns ein wenig davon erschlagen. Aber es gibt auch Meilensteinchen, die eigentlich sogar viel wichtiger sind, um dorthin zu kommen, wo wir hinwollen.

Hilfreich dabei ist ein klarer Plan, wie du bereits weißt. Dein Plan holt dich immer wieder zurück, wenn du anfangen solltest, dich zu verzetteln. Für jede neue Arbeitsphase wirst du einen neuen Plan brauchen. Du machst sozusagen Termine mit dir selbst. Und da du dir ja einiges wert bist, hältst du diese Termine auch ein.

Bei allem Elan für dein Projekt darfst du aber natürlich auch nicht vergessen, dass du ein Mensch mit einem beschränkten Kräftereservoir bist und dass du deine Erholungszeiten brauchst. Sonst hast du keine Chance, auf Dauer durchzuhalten.

Beispiel:

Elenai Staczak – Buchhändlerin:
»Die ersten fünf Jahre arbeitet man sich tot. Das ist einfach so. Und dann kommt der Moment des Lernens. Dann muss man erkennen, was man sich zumuten kann. Da habe ich mich langsam vorgetastet und gesehen, dass es auch reicht, wenn ich vier Tage und nicht sechs Tage im Laden bin. Man muss lernen, wie viel für einen selber wirklich gut ist und auch für den Laden. Ich musste auch lernen, frei zu nehmen, ohne ein schlechtes Gewissen zu haben. Das war ein sehr langer Lernprozess. Ich bin sehr gerne hier, aber ich habe auch gern frei, und beides gehört zusammen.«

Klarheit gewinnen:
Wenn du nicht wirklich Feuer in dir spürst, wirst du eventuell nicht die Ausdauer aufbringen. Zwischendrin lohnt es sich deshalb zu prüfen, wie es gerade um deine Beziehung zu deinem Herzensprojekt steht.

- Brennst du immer noch für dein Projekt?
- Bist du bereit, auch in der Vorbereitungsphase jeden Tag etwas dafür zu tun?
- Lockt es dich, auch wenn du eigentlich »frei« hast?
- Hast du immer wieder eine neue Idee, einen neuen Gedanken dazu?
- Was wäre mit dir, wenn es nicht entstehen würde? Würde dann etwas Entscheidendes in deinem Leben fehlen?
- Wie schnell kann man deine Flamme auspusten?
- Was bremst dein Feuer?
- Was könntest du tun, um das Feuer wieder stärker anzufachen?
- Gehst du dabei aber auch gut mit dir um und gönnst dir Pausen und ein Leben außerhalb deines Projekts?

Standort-Überprüfung

Mindestens alle zwei bis drei Monate solltest du dich fragen, ob die Richtung, die du für dein Projekt eingeschlagen hast, noch stimmt. Stimmen deine Inhalte und deine Aktivitäten? Kommst du deinem Traum näher oder drehst du wiederholt Schleifen? Oder hast du dich ganz verirrt und solltest besser umkehren und von einem früheren Punkt aus noch einmal starten?

Sei ganz ehrlich zu dir, wenn du diese Standort-Kontrolle machst. Es ist keine Schande, wenn Dinge länger dauern oder anders verlaufen als geplant. Du musst es nur wissen und wahrnehmen. Denn nur dann kannst du das Ruder wieder bewusst in die Hand nehmen.

Eine mögliche Liste der täglichen Schritte

Du legst natürlich selbst deine eigene Liste und deine Prioritäten fest, aber hier findest du einige Anregungen:

- In die Schwingung deines Projekts eintauchen.
- Den goldenen Faden zwischen dir und deinem Projekt ganz sinnlich wahrnehmen.
- Welche Aufgabe lockt dich heute besonders?
- Was will heute entstehen?
- Was braucht das Projekt heute von dir?
- Welche Aufgaben stehen heute konkret an? Was sagt dein Zeitplan? Welche Termine (mit dir oder mit anderen) liegen schon vor?
- Unbedingt eine aufgeschobene, unangenehme Aufgabe erledigen.
- Dann eine dringende Aufgabe.
- Und dann eine wichtige.

Teil IV:

Dein Traum wird Wirklichkeit

Die passende Vermarktung

Sichtbar werden

Willst du die schlechte Nachricht zuerst hören? Du wirst dich vermarkten müssen. Vielen von uns fällt es unendlich schwer, uns sichtbar zu machen. Das mag viele Gründe haben. Vielleicht sind wir etwas schüchtern oder introvertiert. Vielleicht haben wir in der Kindheit gelernt, uns bescheiden im Hintergrund zu halten und uns auf gar keinen Fall anzupreisen.

So wird Vermarktung für viele ein ganz heikles Thema. In einer kleinen, versteckten, vielleicht gar dunklen Ecke haben wir tolle Visionen. Aber der Schritt damit hinaus in die kleinere oder größere Öffentlichkeit fällt uns schwer. Schon das Gestalten und Drucken einer Visitenkarte oder eines Flyers werden dann zu großen Hemmschwellen.

Wie nenne ich mein Angebot? Wie beschreibe ich das, was ich tue oder was ich geworden bin? Wie können die Menschen mein Anliegen verstehen? Was werden sie sagen? Werden sie an meinem Angebot zweifeln oder mich gar angreifen? Werden sie hinter meinem Rücken über mich reden? Diese Fragen gehen dir vielleicht durch den Kopf.

Sichtbar werden macht dich verletzbar. Daran führt kein Weg vorbei. Obwohl wir uns dabei meist verletzbarer fühlen, als wir wirklich sind. Denn in der Regel kommen letztlich wenige negative Reaktionen auf diese neue Öffentlichkeit.

Und kannst du es dir überhaupt erlauben, selbst unsichtbar

zu sein, wenn du deinen Traum in die Welt schicken willst? Denn darum geht es ja gerade. Also packen wir es lieber gleich konkret an. Denn einmal sichtbar geworden, fällt alles leichter. Später wirst du dich vielleicht gar wundern, warum gerade dieser Schritt dir so schwerfiel.

Werbung als Geschenk

Jetzt kommen aber gleich mehrere gute Nachrichten.

Es gibt Wege der Vermarktung, die genau zu dir passen. Du musst nur herausfinden, welche das sind.

Vermarktung muss nicht unangenehm und aufdringlich sein.

Bei der Vermarktung gehst du mit deinen Geschenken hinaus in die Welt und bietest den Menschen die Möglichkeit, mit dir etwas zu entdecken, was sie ohne dich nicht entdeckt hätten.

Ich bin auf einige tolle Aktionen gestoßen, die dir vielleicht ein paar Anregungen geben können.

In der Vorweihnachtszeit bekamen die Passanten auf einem großen Marktplatz einzelne Plätzchen überreicht. Diese waren mit der Visitenkarte eines neu eröffneten Cafés wie ein kleines Geschenk in Klarsichtfolie eingepackt.

Ein Kunstgewerbegeschäft lädt regelmäßig vor Weihnachten zu einem kostenlosen Verpackungsworkshop ein.

Ein Lyriker verteilt in ausgewählten Cafés und Bistros kostenlos Blätter mit seinen Gedichten – natürlich mit dem Hinweis auf seinen neuen Gedichtband und natürlich nach Absprache mit den Inhabern.

Manche Newsletter sind so interessant mit neuen Anregungen zum jeweiligen Thema gestaltet, dass man sie mehr als gern abonniert und sich dabei regelrecht beschenkt fühlt. Dass die

Anbieter dabei auch ihre Verkaufsangebote erwähnen, ist meist vollkommen stimmig.

Das sind nur einige wenige Beispiele. Aber du merkst schon, Werbung besteht nicht nur aus Anzeigen oder Flyern. Werbung ist lediglich eine Art der Kommunikation miteinander. Werbung kann Spaß machen!

Deine Selbstdarstellung

Spätestens wenn es um die Inhalte für Flyer oder eine Website geht, kommen uns Bedenken. Wie stelle ich mich und mein Angebot dar? Was ist zu viel und was zu wenig? Wie werden die Leute reagieren?

Bettina T. hatte schon längst die Flyer für ihr Beratungsangebot fertig. Es fiel ihr aber ganz schwer, diese Flyer persönlich zu verteilen. Die zögernde Stimme in ihr sagte: »Vielleicht denken die Leute, ich wäre eingebildet, weil ich Werbung für mein Angebot mache, mich sozusagen selbst bewerbe. Vielleicht finden sie mich und mein Angebot auch ganz blöd.« Dann hat sie sich aber erinnert, wie oft sie selbst Flyer oder Infoblätter in die Hand bekommt, und wie wenig sie eigentlich über das nachdenkt, was sie da liest. Entweder es passt oder es passt nicht. Und wenn es etwas ist, das sie gerade nicht braucht oder will, macht sie sich eigentlich gar keine großen Gedanken über den Anbieter, geschweige denn negative. Passt halt nicht. Mehr nicht.

Wir machen uns immer mehr Gedanken als die Menschen, die wir ansprechen.

Es kann auch helfen, sich zu fragen, was jetzt das Schlimmste wäre, das konkret passieren könnte? Meistens ist die Antwort auf diese Frage harmloser als die übergroße Angst in uns.

Dein Flyer, deine Visitenkarte oder Website sind auch nicht für die Ewigkeit in Stein gemeißelt. Sie können später immer noch verändert werden, wenn du merkst, du musst dein Angebot anders gestalten oder anders kommunizieren. Viele Menschen verbringen in der Aufbauphase extrem viel Zeit damit, das Aussehen ihrer Flyer zu entwickeln. Dabei sind solche Gedanken eher später wirklich relevant.

Ich kenne viele erfolgreiche Projekte, die gänzlich ohne Flyer und Visitenkarten auskommen. Aber natürlich sind sie praktisch und tragen die Information über dein Projekt hinaus in die Welt. Sie sollten nur nicht überbewertet werden.

Bevor du dich jetzt an die konkrete Gestaltung deiner Werbemittel begibst, magst du dir vielleicht etwas Zeit für die folgenden Fragen gönnen.

Übung: Klare Botschaften

Stelle dir für einen Moment vor, du wärest vollkommen sicher, dass Menschen auf dein Angebot eingehen werden. Für den Augenblick bist du vollkommen ohne Angst und Zweifel. Wie würdest du es dann formulieren? Wie würde das Angebot konkret aussehen?

Während du deine Texte formulierst, spüre gut nach, welche Worte wirklich in deinem Herzen sind. Welche Worte bewegen dich? Wo spürst du dich selbst?

Sobald dir einige deiner Textteile fremd vorkommen, solltest du sie löschen und ganz neue schreiben.

Erst danach prüfst du, ob du auch folgende Punkte beachtet hast:

- Ist dein Angebot klar und verständlich?
- Ist das Besondere daran klar beschrieben?

- Was sollten die Empfänger über dich als Person wissen?
- Sagst du etwas über dich als Mensch aus oder nennst du nur objektive Daten?
- Ist deine Person stimmig dargestellt (falls es für dein Angebot eine Rolle spielt)?
- Hast du Worte benutzt, die deine Zielgruppe auch wirklich verstehen und von denen sie sich angesprochen fühlt?
- Ist der Nutzen oder der Gewinn deutlich kommuniziert?
- Sind deine Kontaktdaten aktuell?
- Wo findet man zusätzlich noch Informationen über dich und dein Angebot? (Website, Social Media, Berufsgruppen, Netzwerke)

Deine Netzwerke

Der einfachste und leichteste Weg, Interessenten zu gewinnen, geht über persönliche Kontakte, denn alle, die dich schon kennen, musst du in der Regel zumindest nicht von deiner Person überzeugen. Da gibt es bereits Vertrauen und Interesse für dich. Und du kennst mehr Menschen, als du dir jetzt vielleicht vorstellst. Wir haben alle ungeheuer viele kleinere und größere Netzwerke um uns herum. Seien es Freunde und Bekannte, Menschen, mit denen du ein Hobby oder eine Freizeitaktivität teilst, vielleicht singst du in einem Chor, bist im Sportverein oder in einer Yogagruppe? Mit wem gibt es eine alte Verbundenheit, die beiläufig und unaufdringlich wieder aufgefrischt werden könnte (Eltern der Kindergarten- oder Schulfreunde deiner Kinder, deine alten Schul- und Studienfreunde, frühere Kollegen, Nachbarschaft u. a.)? Bist du in politischen Gruppen aktiv oder gehst du einer ehrenamtlichen Tätigkeit nach?

Übung: Verbindungen

Stelle dir vor, du bist ein Wollknäuel, aber mit vielen losen Enden, die sich mal hier, mal dort ausstrecken oder sich hinausziehen lassen. Jeder Wollstrang steht für deine Verbindung zu einer bestimmten Gruppe oder zu bestimmten Menschen.

Vielleicht magst du es dir aufmalen. Wohin strecken sich diese losen Fäden?

Betrachte die Stränge – sieh, wie unterschiedlich sie sind. Manche sind ganz kurz, andere länger. Einige ganz dick und andere eher faserig und dünn.

Welche Personen oder Gruppen kommen dir sofort in den Sinn? Gib den Strängen passende Namen und häng dein Blatt gut sichtbar auf, damit du immer wieder an deine Netzwerke erinnert wirst. So kannst du dein Wollknäuel auch immer wieder schnell ergänzen, denn ich garantiere dir, in den kommenden Wochen kommen viele Stränge hinzu, an die du jetzt noch nicht denkst.

Die Café-Inhaberin Dorothe Schindler berichtet, dass sie ganz wenig Werbung für ihr Café gemacht hat. Klassische Werbung in Printmedien schon gar nicht. Aber sie hatte ein großes Netzwerk, weil sie in Bio- und Naturkostkreisen viele Menschen von früheren privaten und beruflichen Aktivitäten kannte – und diesen Leuten hat sie oft von ihrem neuen Café erzählt.

Beispiel:
Haga vom Spielzeuggeschäft »spielbar« in Saarbrücken ist als Person ein Begriff in ihrem Stadtbezirk, weil sie Menschen dort immer wieder vernetzt und zu gemeinsamen Aktionen anregt.
»Ich bin einfach so. Ich mache das nicht nach Plan, sondern ich rede einfach gern mit Menschen und habe schnell Ideen. Aber Netzwerken ist natürlich in der heutigen Zeit auch etwas, das man tatsächlich tun sollte. Weniger, um daraus direkt einen Gewinn schöpfen zu wollen, sondern ich finde es einfach schön, wenn Menschen miteinander reden und gut miteinander auskommen.«

Ideen für kostengünstige Werbemöglichkeiten

Gerade wenn du keine teuren Werbekampagnen finanzieren kannst, ist es umso wichtiger, kleine, aber sehr feine Sichtbarkeitsaktionen zu machen.

Nutze dafür auch deine Netzwerke, über die wir eben schon gesprochen haben.

Je nach Projekttyp kann man Organisationen und Einrichtungen ansprechen – wie z.B. Volkshochschulen, Familienbildungsstätten, Gleichstellungsstellen, Seminarhäuser – und dort Vorträge oder Kurzworkshops anbieten. Auch wenn nicht viele Menschen zu diesen Veranstaltungen kommen sollten, hast du über die entsprechenden Informationsverteiler und Kataloge recht viel Aufmerksamkeit bekommen.

Du kannst einen Artikel über dein Angebot schreiben oder Interviews geben in größeren oder kleineren Zeitschriften oder Zeitungen, in kostenlosen Werbeblättchen usw.

Falls du gern in den Sozialen Medien unterwegs bist, sind solche Plattformen natürlich gut geeignet, um etwas Werbung in Form von aktuellen Infos zu machen oder Hintergrundinformationen einzustreuen.

Sobald du Kontakt zu potenziellen Interessenten hast, solltest du dafür sorgen, dass du ihre E-Mail-Adresse bekommst. Bei Vorträgen oder sonstigen Präsentationen deines Projekts sollte immer eine Liste ausliegen, in die sich die Interessenten für weitere Informationen eintragen können. Dabei solltest du aus Datenschutzgründen immer auch darauf hinweisen, dass sie gleichzeitig zustimmen, in regelmäßigen Abständen von dir zu hören, dass sie diese Erlaubnis jederzeit widerrufen können und dass du ihre persönlichen Daten natürlich nicht an Dritte weitergeben wirst.

Sobald du eine kleine Sammlung Mail-Adressen hast, kannst du z. B. einen regelmäßigen Newsletter verschicken und darin immer wieder auf deine Angebote hinweisen. Ein eigener Blog ist auch gut geeignet für eine kontinuierliche Kommunikation, zumal deine Leser dort auch ihre Gedanken zu deinen Themen kundtun können und ihr so in einen direkten Austausch gehen könnt.

Über Newsletter oder Blog lernen die Menschen dich auch etwas kennen, erfahren mehr darüber, wie du denkst und womit du dich beschäftigst. Denn die Leute wollen oft nicht nur ein Produkt oder ein Angebot kaufen, sondern wollen wissen, welche Gedanken, Gefühle und Visionen dahinterstecken.

Bietest du zum Beispiel ein Produkt an, das zum größten Teil über deine Person vermittelt wird (das ist auch oft der Fall, wenn du Beratungen oder Seminare anbietest), sollte dir auch klar sein, dass die Menschen fast nie ausschließlich eine bestimmte Methode suchen, sondern eine Person mit einer bestimmten Art zu arbeiten. Wie erkennen die Menschen, wer du wirklich bist und wie du arbeitest? Wird das in deiner Darstellung sichtbar?

Unabhängig davon, welche Kommunikationsform du wählst, ist die Bedeutung eines regelmäßigen Kontakts nicht zu unterschätzen. Wir Menschen vergessen schnell, denn gerade in der heutigen Informationsflut geht so viel unter, was uns eigentlich wichtig wäre.

Einer meiner Lieblingsschriftsteller hat jahrelang regelmäßig kleine Infos über Soziale Medien verschickt und dabei nebenbei seine Bücher bekannt gemacht. Ich habe seine Texte immer sehr gern gelesen, habe aber dennoch über ein halbes Jahr lang nicht gemerkt, dass auf einmal nichts mehr kam, denn es flattern ja so viele andere Informationen in den Posteingang hinein. Erst als er seine Aktivitäten in den Sozialen Medien wieder aufgenommen hat, habe ich gemerkt, wie sehr mir diese Texte gefehlt haben.

Eine Zeit lang bin ich sehr gerne in einen bestimmten Laden gegangen. Ich hatte in der Nähe immer zu tun und habe mich gefreut, dort ganz besondere Produkte zu finden. Dann änderten sich meine Gewohnheiten; und ich war nicht mehr regelmäßig in dieser Ecke der Stadt. Ich habe nicht bewusst beschlossen, dort nicht mehr hinzugehen, ich war bloß nicht mehr einfach so in der Nähe. Mir ist noch nicht einmal aufgefallen, dass ich dort nicht mehr hingegangen bin. Erst als ich einen Artikel über dieses Geschäft in einer Zeitung entdeckt habe, wurde mir klar, dass ich einfach vergessen hatte, wie wohl ich mich dort gefühlt habe.

Seit meine Stammbuchhandlung mir regelmäßig Buchbesprechungen und Tipps zuschickt, komme ich viel öfter auf die Idee, wieder vorbeizuschauen oder ein bestimmtes Buch zu bestellen.

Was können wir daraus lernen?

Wenn wir nicht regelmäßig auf eine Person, ein Angebot, einen Laden hingewiesen werden, sozusagen gelegentlich angestupst werden, vergessen wir es einfach. So sind wir Menschen. Das ist nicht böse gemeint – in der Flut der neuen Informationen geht vieles unter.

Konkret bedeutet das für dich, dass du in irgendeiner Form regelmäßig auf dich aufmerksam machen solltest. Auf welche Art du das tust, bleibt dir und deinen Vorlieben überlassen. Es hat keinen Sinn, einen Weg einzuschlagen, auf dem du dich gar nicht wohlfühlst. Wenn du nicht gern schreibst, ergibt ein Newsletter keinen Sinn. Wenn du nicht gerne redest, sind Vorträge vielleicht nicht dein Weg.

Klarheit gewinnen:

- Wie kommunizierst du am liebsten?
- Welche Art von Informationen kannst du leicht und spielerisch vermitteln?
- Wie und wo zeigst du dich gern, wo bist du gern dabei?

Beispiel:

Claudia Kauscheder – Online-Trainerin:

»Ich würde immer empfehlen, ganz früh mit dem eigenen Thema in die Öffentlichkeit zu gehen, indem man z. B. einen Blog dazu aufsetzt und anfängt, über dieses Thema zu schreiben oder zu fotografieren. Um zu sehen, ob es einem Spaß macht, etwas darüber zu vermitteln, was man macht.

Wenn ich ein Buch schreiben will, muss ich erst ausprobieren, ob es mir überhaupt Spaß macht, Geschichten zu erzählen. Wenn meine Leidenschaft das Stricken

ist, kann ich darüber schreiben, damit ich rausfinde, ob es mir Freude macht, es auch öffentlich zu machen und nicht nur für mich selbst.
Man braucht einfach Feedback von anderen. Und wenn es niemand interessant findet oder die Leute eher etwas Negatives sagen, dann bleibt es halt ein Hobby. Das ist für mich ein Entscheidungskriterium, ob ich das jetzt wirklich will.«

Du bist einzigartig

Damit du deine potenziellen Kunden gut erreichen kannst, solltest du dich mit deiner Einzigartigkeit beschäftigen. Denn unabhängig davon, was du anbietest, wirst du der/die Einzige sein, die es genau auf diese Art und Weise macht.

Auch wenn du ein nicht ganz außergewöhnliches Angebot hast, kann es sinnvoll sein, für dich selbst klarzustellen, was dich von deinen Konkurrenten abhebt. Was gibt es bei dir genau? Wovon gibt es bei dir mehr, wovon aber auch weniger als bei anderen Anbietern? Was von dem, was deine Konkurrenten anbieten, fällt bei dir eventuell ganz weg? Und welche neuen Dinge oder Angebote kommen (nur) bei dir hinzu? So können die Konturen deines Produkts genauer herauskristallisiert werden.

Beispiele:
Haga – Mitinhaberin des Spielwarengeschäfts »spielbar«:
»Wir haben uns bewusst für regionale und deutsche Hersteller entschieden. Erstens, weil wir das selber gut finden, und zweitens, weil diese Produkte gut sind und

auch gut getestet wurden, was in unserer Branche sehr wichtig ist. Wir haben manche der bekannteren Hersteller ausgelassen, weil wir sie nicht gut finden. Einige Menschen haben uns gleich gesagt, dass wir es ohne diese Hersteller nicht schaffen werden. Aber wir sind nach zehn Jahren immer noch hier. Man muss dem, was man sich vorgenommen hat, treu bleiben. Man muss nicht alles verkaufen oder alles dahaben. Manches können wir auch nicht bestellen, und der Kunde muss dann lernen, dass es bei uns um etwas anderes geht.«

Kannst du etwas besonders Interessantes zu deinem Projekt in vier bis fünf Sätzen sagen? In einem sogenannten »elevator pitch« – ein Begriff aus der Marketingsprache – geht es genau darum. Du hast für eine solche Kurzvorstellung nicht mehr Zeit, als eine kurze Begegnung in einem Fahrstuhl dauern würde. Du triffst beispielsweise einen alten Bekannten oder du lernst jemanden auf einer Veranstaltung oder einer Party kennen. Wenn du es nicht innerhalb der ersten vier bis fünf Sätze schaffst, Interesse für deine Arbeit zu wecken, wird sich daraus kein tiefergehendes oder weiteres Gespräch entwickeln.

Also, wie erzählst du, was du so machst? Ist deine Beschreibung für andere gut verständlich? Ist Feuer und Leidenschaft in deinen Sätzen? Leuchten deine Augen? Kannst du verdeutlichen, was sich für andere durch deine Arbeit verändert? Welchen Nutzen du deinen Kunden bringst? Was sie bei dir lernen oder erkennen können? Womit du ihnen das Leben leichter machst? Welches Problem du vielleicht lösen kannst?

Solche kurzen Beschreibungen können so aussehen:

»Ich helfe älteren Menschen, körperlich beweglich zu bleiben. Dazu habe ich ein eigenes Programm entwickelt, das ich in privaten Kursen, aber auch in Pflegeheimen anbiete.«

»Ich bringe Kindern bei, spielerisch ihre musikalischen Talente zu entwickeln. Sie können bei mir viele Instrumente ausprobieren, bevor sie sich für eins entscheiden.«

»In meiner körpertherapeutischen Praxis können Menschen tief entspannen und neue Kraft schöpfen. Nebenbei können Schmerzen und andere Beschwerden gelindert werden.«

»In meinem Café können Menschen kleine Atempausen im Alltag einlegen. Ich will damit eine regelrechte Oase in der Stadt anbieten.«

»In meinem Laden bekommen die Menschen leuchtende Augen, weil sie hier Dinge finden, die es woanders nicht gibt.«

Deine Einzigartigkeit als Person sollte für Interessenten gleich spürbar sein, denn sie wollen meist einen Menschen und nicht ein System erleben, das gilt vor allem bei persönlicheren Angeboten.

Frank W. ist mittlerweile sehr erfolgreich mit seinen Seminaren über Themen für die persönliche und berufliche Weiterentwicklung. Auf Empfehlung von Kollegen beschloss er, einige der vielen täglichen Aufgaben in die Hände einer Teilzeit-Mitarbeiterin abzugeben. Dazu gehörten das Beantworten von Anrufen und Mails, das Gestalten seiner Präsenz in den Sozialen Medien und das Formulieren seiner Newsletter. Interessanterweise musste er aber feststellen, dass die Zahl der Seminarbuchungen mit der Zeit stark zurückging. Erst als seine Mitarbeiterin kündigte und er ihre Aufgaben für eine Weile wieder selbst übernehmen musste, änderte sich diese Lage. Er vermutete anschließend, dass Interessenten gerade über den ersten persönlichen Kontakt den entscheidenden Impuls bekommen, ein Seminar zu buchen. Wenn sie aber weder bei Anfragen noch in den veröffentlichten Texten den wirklichen Menschen hinter dem Seminarangebot spüren können, wissen sie nicht, mit wem sie es zu tun haben. Bei nüchternen Produktverkäufen spielt das natürlich eine geringere Rolle als bei einer Begleitung in persönlichen Fragen.

Frank W. hat nach dieser Erfahrung die Entscheidung getroffen, lieber unpersönlichere Aufgaben wie technische Abläufe, Archivverwaltung und Buchhaltung auszulagern.

Durch Einzigartigkeit erreichst du, dass Kunden eine gewisse Loyalität zu dir aufbauen, denn nur bei dir bekommen sie bestimmte Inhalte, Produkte oder Leistungen. Und loyale Kunden sind gern bereit, von sich aus etwas zu tun, um mit dir in Verbindung zu bleiben.

Vergiss dabei aber nie, dass beide Seiten etwas dafür tun müssen, dass die Loyalität nicht verloren geht. Die Kunden wollen nicht nur regelmäßig von dir hören, sondern auch mit Wertschätzung und Respekt behandelt werden. Dein Interesse an ihnen sollte dabei echt sein – natürlich innerhalb geschäftlicher Grenzen, denn du wirst keine freundschaftlichen Verhältnisse zu all deinen Kunden aufbauen können oder wollen.

Es lohnt sich auch, bestehende Kunden gut zu behandeln, denn eine Marketingregel sagt, dass es fünf Mal mehr Aufwand kostet, einen neuen Kunden zu gewinnen, als einen alten Kunden so zu behandeln, dass er bleibt.

Das »richtige« Marketing

Unabhängig davon, wie du die Vermarktung deines Projekts anpackst, musst du wissen, dass es nie eine einmalige Aktion sein wird. Marketingaktivitäten müssen regelrecht zur Gewohnheit werden. In deinem Terminkalender sollten deshalb regelmäßig Termine eingetragen werden, zu denen du dir neue Marketingaktionen überlegst und auch umsetzt. Gerade in Zeiten, in denen es gut läuft, wird schnell vergessen, dass jetzt schon die Werbung für den zukünftigen Erfolg laufen muss.

Es gibt kein »richtiges« Marketing. Es gibt nur das richtige Marketing für dich. Denn du bist der beste Experte für dich selbst.

Die Ratgeber-Bücher und das Internet sind voller Anleitungen, WIE Marketing heute aussehen soll. Wer das schon einige Jahre beobachtet, weiß, dass es Modewellen gibt, die oft aus den USA stammen. Auf einmal meinen alle Anbieter, es nach Schema F machen zu müssen. Mal ist es eine bestimmte Gestaltung der Website, mal sind es Häufigkeit und Art der Kontaktaufnahme mit deinen Kunden, die Länge eines Textes, ob ein Video unbedingt dazugehören muss und, und, und …

Mein Rat an dich: Vergiss das alles. Tue es genau so, wie es für dich stimmig ist. Gib nur das weiter, was du selbst als Kunde auch gerne bekommen würdest. Wenn du lange Newsletter nicht magst, solltest du keine verschicken. Wenn du dich über Videobotschaften eher ärgerst als freust, solltest du keine herstellen. Schau dir genauer an, welche Art von Werbung dich persönlich anspricht, welche Newsletter du schon seit Jahren abonniert hast oder einfach gerne liest, welche Flyer du in letzter Zeit gern mitgenommen oder gar behalten hast. Du bist mit deiner Persönlichkeit dein »bester Kunde« und dementsprechend solltest du deine Marketingentscheidungen treffen.

Vermarktung geht immer auch über Gefühle. Also frage dich: Welche Gefühle möchtest du ansprechen?

Vermarktung geht oft über Geschichten. Welche Geschichten hast du zu erzählen?

Beispiel:
Genauso macht es Goldschmiedin Susanne Detemple: »Ich versuche, meinen Kunden mit meinem Schmuck auch eine Geschichte mitzugeben. Wenn ich für mich selbst Schmuck kaufe, ist es mir immer wichtig, dass ich mich gern an die Geschichte dazu erinnere, wenn ich den Schmuck trage – wo ich ihn gekauft habe und in welcher Situation das war.
Und das versuche ich auch meinen Kunden zu ermöglichen. Indem ich zum Beispiel erzähle, dass es eine Murano-Perle ist und dass Murano eine Insel bei Venedig ist. Ich erzähle auch, wie ich zu diesem Schmuckstück inspiriert wurde. Und das ist dann wie ein kleines Schatzkästchen, das man um den Hals hat, mit einer Geschichte drin.«

Auch die Bestatterin Susanne Eckl nutzt Geschichten. Sie bloggt regelmäßig, weil sie es wichtig findet, berührende Erfahrungen zu teilen – gerade in Trauerzeiten, aber auch für Menschen, die sich die großen Lebensfragen stellen. Außerdem kann sie ihren Blog dazu benutzen, wichtige Informationen über die Gestaltung von Bestattungen bekannter zu machen.

Achtung Stolpergefahr! Erste Hindernisse überwinden

Umgang mit kritischen Stimmen

Andere Menschen spüren deine anstehende oder schon sichtbare Veränderung. Dabei kann es sein, dass du abgebremst wirst. Auch wenn es vielleicht nicht unbedingt etwas direkt mit ihnen zu tun hat, reagieren die Menschen in deinem Umfeld häufig mit Irritation oder einer gewissen Beunruhigung, denn du veränderst die bisherigen Verhältnisse ein wenig. Beides kann zu Angriffen auf dich führen. Nicht immer, indem sie aggressiv werden. Die viel beliebtere Variante ist die Verunsicherung oder Herabsetzung deiner Person oder deines Vorhabens. Denn konkrete, greifbare Angriffe kannst du eventuell abwehren. Die Verunsicherung aber trifft dich mit großer Wahrscheinlichkeit genau an deiner schwächsten Stelle, weil sie deine eigenen Zweifel triggert.

Bremser sind nicht nur in einer bestimmten Anfangsphase da. Sie begleiten dich ununterbrochen und haben die instinktive Fähigkeit, sich gerade dann zu Wort zu melden, wenn du selbst etwas taumelst und den Boden zu verlieren drohst. Aber auch wenn du vor besonders großen Etappenschritten stehst und enorm viel Kraft und Zuversicht brauchst. Häufig melden sie sich leider auch in Situationen zu Wort, in denen du gerade einen Erfolg feiern kannst und die kritischen Stimmen deine gute Laune dämpfen.

Wie klingen denn diese kritischen Stimmen? Es können Kommentare sein wie:

» ... und das kaufen die Leute?«

»Kann man denn davon leben?«

»Hast du dann noch genügend Zeit für deine Kinder?« (Superangriff auf Mütter mit chronisch schlechtem Gewissen) – oder auch nett in dieser Variante:

»Wie kommt dein Mann damit klar?« (Nach 100 Jahren Feminismus, liebe Frauen, und wir hören immer noch solche Sätze!)

»Hast du überhaupt eine adäquate Ausbildung dafür?«

»Gibt es da nicht schon genug davon?«

»Ob du dich damit finanziell lange halten kannst?«

»Ist das ein Beruf?«

»Meinst du wirklich, du bist die Richtige für eine solche Arbeit?«

Wirklich neue Ideen, die den Weg in unsere gewohnte Welt finden, werden von einigen Gesetzmäßigkeiten begleitet, von denen du wissen solltest.

Zuerst wird die neue Idee ignoriert. Es interessiert sich (fast) niemand dafür. Dann wird sie lächerlich gemacht. Je außergewöhnlicher die Idee, umso mehr werden die Leute darüber lachen.

Wenn die neue Idee sich aber immer noch hartnäckig hält, wird sie bekämpft. Irgendwann (oft erst nach vielen Jahren) kommt aber der Moment, in dem sie als ganz selbstverständlich angesehen und akzeptiert wird.

Genauso ist es beispielsweise für die Akzeptanz der Akupunktur in den westlichen Ländern gelaufen. Obwohl diese Methode seit Jahrtausenden in östlichen Ländern anerkannt ist, stieß sie im Westen erst auf geringe Beachtung und wurde anschließend als Spinnerei irgendwelcher Esoteriker abgetan. Dann kamen viele Studien, die beweisen wollten, dass Akupunktur keinerlei Wirkung hat. Und was geschah dann? Niemand weiß es so ganz genau. Aber Tatsache ist, dass viele Ärzte heute selbstverständlich auch Akupunktur anbieten. Und kaum jemand wird belächelt, der diese Behandlungsmethode bei welcher Krankheit auch immer in Anspruch nimmt.

Vermeiden kann man diese Bremser nicht, einige Tipps können aber die Spitzen mildern:

1. Rede nicht zu früh über deine Pläne und erst recht nicht mit jedem.

Rede nicht zu früh über dein gerade zart entstehendes Projekt. Und dann möglichst lieber mit klugen und reflektierten Menschen als mit der großen Masse. Rede besser mit Menschen, die selbst mutig sind oder schon selbst ähnliche Erfahrungen gemacht haben. Mit Menschen hingegen, die zurzeit selbst mit ihrem eigenen Leben unzufrieden sind, solltest du eher nicht über dein Projekt sprechen. Deine Verwandtschaft und enge Freunde sind selten die richtigen Ansprechpartner für bahnbrechende Gedanken, denn sie wollen dich meist als die Person behalten, die sie schon so lange kennen, und nicht als diejenige, die du gerade werden kannst.

2. Wer spricht gerade zu dir?

Wenn Angriffe kommen, frag dich sofort, worum es dieser Person gerade ganz persönlich gehen könnte. Hat sie Angst, sie müsste selber mutig sein? Oder könnte sie sich vorwerfen, dass sie es nicht ist? Würde sie erkennen müssen, was sie alles im Leben nicht gemacht hat oder woran sie gescheitert ist? Stellst du ihr Leben durch deine Aktivitäten komplett infrage? Oder will sich diese Person etwa nur wichtigmachen?

Eventuell sagt die Kritik mehr über die kritisierende Person aus als über dich. Was könnte das sein?

3. Ist die kritisierende Person für dich wirklich wichtig? Schätzt du ihre Meinung?

Wenn ja, solltest du die Kritik genauer prüfen. Wenn nein, wozu die Aufregung?

4. Nicht persönlich nehmen

Wenn kritische Stimmen laut werden, versuche (nach einigen tiefen Atemzügen), aus der persönlichen Kränkung rauszugehen und anschließend zu erkennen, was diese Kritik auf der Sachebene aussagen könnte. Wenn du dir vorstellst, es ginge gar nicht um deine Person: Was wird hier ganz real gesagt?

Ist ein wichtiger Hinweis für dich dabei? Gibt es etwas, das du übersehen hast, was noch zu prüfen wäre?

Ist die Kritik konstruktiv oder destruktiv?

Werden Fakten genannt oder interpretierst du vielleicht etwas hinein?

Worin besteht der Kern der Kritik? Könnten Teile davon für dich nützlich sein? Kannst du diese Kritik in eigene Formulierungen übersetzen?

Kannst du etwas aus dieser Kritik in eigene Ziele umwandeln? Was möchtest du ändern?

5. Steckst in Wirklichkeit du selbst hinter der Kritik?

Nicht nur andere Personen sind potenzielle Bremser deines Projekts. Manchmal bist du selbst dein schlimmster Feind, mit deinen Selbstzweifeln und deinem Leistungsdruck. Eventuell zeigst du deine Unsicherheiten, und andere hauen bloß in die Kerbe, die du selbst offenlegst.

6. Wann ist es ein Erfolg?

Lässt du dich vom vermeintlichen Erfolg anderer verunsichern?

Gerade in Aufbauphasen ist es wichtig, sich nicht mit anderen zu messen. Weder mit deren vermeintlichem Erfolg in der Öffentlichkeit noch mit einem (angeblichen) finanziellen Erfolg.

Denn du weißt nicht wirklich, was es damit auf sich hat. Manche Menschen können sich in der Öffentlichkeit sehr geschickt als erfolgreich darstellen, und in Wirklichkeit steckt kaum etwas dahinter.

Ich habe oft erlebt, dass Menschen, die in der Öffentlichkeit als sehr erfolgreich beschrieben wurden oder sich selbst so dargestellt haben, später berichteten, wie oft sie dem Konkurs nahe waren, oder dass sie Monate oder gar Jahre lang so gut wie kein Geld verdient haben. Aber nach außen hin haben sie einen vollkommen anderen Eindruck gemacht.

Auf der anderen Seite habe ich aber auch Menschen erlebt, die ihren Erfolg nach außen hin als sehr bescheiden darstellten – »geht so«, »könnte besser sein« –, und in Wirklichkeit seit vielen Jahren ganz gut von ihrem Projekt leben konnten, auch wenn sie nicht gerade reich wurden.

Vielleicht lohnt es sich auch zu fragen, wann du dein Projekt als einen Erfolg bezeichnen würdest? Was ist Erfolg für dich?

Erfolg ist nur zum Teil in Geld zu messen. Geld ist ein Ergebnis einer Entwicklung, aber nicht unbedingt der tragfähige Grund für eine Unternehmung.

Außerdem baust du gerade etwas ganz Einzigartiges auf, und mit wem willst du dich dann wirklich vergleichen?

Gerade in der Aufbauphase solltest du dich lieber davor hüten, nach Menschen zu schielen, die etwas Ähnliches machen. Es ist egal, ob diese Personen gerade erfolgreicher, schneller, innovativer oder in welcher Art auch immer toller sind. Du bist du. Dein Angebot ist dein Angebot. Fertig.

Beispiele:

Tina Stein – Künstlerin:
»Ich habe im Laufe dieser vielen Jahre gelernt, meinen Mund zu halten. Wenn ich mit neuen Plänen ›schwanger‹ gehe, rede ich kaum darüber und das nur mit ganz wenigen Menschen. Diese muss ich ganz sorgfältig auswählen. Und ansonsten halte ich mich sehr bedeckt, um meine Energie zu halten. Am Anfang habe ich ganz viel über solche Dinge geredet, und dann kommen diese zweifelnden Stimmen nicht nur aus einem selbst, sondern aus dem ganzen Umfeld mit Sprüchen wie ›das kann ja nicht funktionieren‹. So bin ich immer mehr dahintergekommen, dass ich es besser für mich behalte. Und ich habe gemerkt, dass die Energie dadurch auch viel stärker wird. Im Außen saugen die Zweifler Energie ab, und man strömt auch selber Energie raus, indem man sich nicht nur mit seinen eigenen Sachen auseinandersetzt, sondern auch mit den Zweifeln der anderen. Es sind ja oft nicht meine Zweifel, sondern deren Zweifel. ›Die Energie bündeln‹ nenne ich das immer. Und Sprache ist ein enormes Feld, in dem Energie verloren gehen kann.
Oder ich stelle nur konkrete Fragen an einzelne Personen für Punkte, bei denen ich unsicher bin. Manchmal ist es schon wichtig, Menschen konkret Fragen zu stellen, denn es tut auch ganz gut, andere Meinungen zu hören. Deshalb geht man ja in Kommunikation, aber man öffnet den inneren Energiekern nicht. Und die Antworten kann man dann für sich nehmen oder auch nicht.«

Elke Brand – Film- und Literaturagentin:
»Ich finde es wichtig, mit anderen über die Idee zu sprechen, sich die Pros und Contras anzuhören, und dann aber selbst zu entscheiden. Sich nicht entmutigen zu lassen, nur weil jemand (womöglich noch der beste Freund und jemand aus der Familie, der einem nahesteht) die Idee zu riskant oder wenig erfolgversprechend findet. Eine unabhängige externe Meinung ist genauso wichtig wie die Meinung von den Menschen, die uns nahestehen.«

Angst ist ein gutes Zeichen

Dieses Buch soll ein Mutmachbuch sein. Und dennoch – oder gerade deshalb – müssen wir auch über Angst sprechen. Denn du bist eine Person, die sich gerade bereit macht, den Nordpol zu überqueren. Allein auf Skiern und bei minus 40 Grad. Jedenfalls fühlt es sich in manchen Stunden so an.

Egal was du konkret vorhast, für dich ist es ein großer Schritt. Und große Schritte machen Angst. Ich gehe sogar so weit zu behaupten, wenn die Angst dich nicht gelegentlich begleitet, stimmen deine Pläne nicht so ganz.

Manchmal haben wir Angst vor den anstehenden Veränderungen, die wir noch nicht einschätzen können. Oder vor dem Scheitern, vor der eigenen Unfähigkeit, vor Spott und Kritik. Vielleicht auch davor, dass die eigene Kraft und Ausdauer nicht ausreichen könnten. Bei jeder Person hat die Angst ein ganz persönliches Gesicht.

Bei großen Veränderungsprojekten sollte reichlich Platz für deine neue, beste Freundin – die Angst – eingeräumt werden.

Sie wird sich sowieso zu Wort melden, also kann sie gleich einen festen Platz bekommen. Dann weißt du auch, wo sie sich gerade befindet, und du kannst sie an ihren Platz zurückschicken, wenn sie dir gelegentlich etwas zu unkontrolliert dazwischenhüpft.

Die Angst wird eine deiner Beraterinnen werden. Und du wirst um die zwei Seiten ihrer Persönlichkeit wissen. Die eine ist das durchgedrehte Kind, kopflos, panisch, bockig und gänzlich unzugänglich für sachliche Argumente oder Verhandlungen. Mache dich mit den Anzeichen dieser Seite von ihr gut vertraut, damit du erkennst, wann sie dir gerade diese Seite zeigt. Für mich ist es der Moment, wenn ich vor lauter Angst nicht mehr denken kann. Der Kopf ist leer, ich bin wie gelähmt und Millimeter davon entfernt, meine Vision in Luft aufgehen zu lassen.

Die andere Seite der Angst zeigt dir, dass du gerade Bahnbrechendes wagst – für dich. Und wer keine Angst vor einer Nordpolüberquerung hat, ist reichlich naiv. Diese Angst prüft dein Vorhaben, korrigiert eventuell einige Entscheidungen, schützt vor allzu unbedachten Sprüngen und zeigt dir immer wieder, dass du solide, mutige Schritte machst.

Beispiel:

Christine Pehl – Coach und Unternehmensberaterin mit dem Schwerpunkt »Innere und äußere Nachhaltigkeit«:

»Am Beginn hatte ich innerlich viel zu kämpfen und habe mich gefragt, ob die Menschen dieses Thema überhaupt wollen. Auch wenn ich selber ganz überzeugt davon bin, kann es ja sein, dass ich die Einzige bin und sonst niemand etwas davon hören will.

Es gab zu Beginn meiner Selbstständigkeit kein klassisches Produkt, sondern eine geistige Idee, eine Haltung, die nicht in Form gegossen war.«

Wenn die Angst über lange Zeit ganz ausbleiben sollte, befindest du dich höchstwahrscheinlich in einer Sackgasse und hast es dir dort ganz gemütlich gemacht.

Meiner »Angst«-Freundin habe ich eine reale Figur in Form einer nicht ganz hübschen Puppe gegeben. Sie sitzt in einer Ecke meines Büros. Ich sehe sie täglich. Und manchmal reden wir miteinander. Ich höre mir ihre Argumente und Sorgen an und gebe ihr Antworten. Und immer wieder frage ich sie: »Stimmt das, was du gerade sagst, oder hast du das gerade erfunden?« Und ich verrate dir eins, sie erfindet nicht nur viel, sie lügt ganz dreist. Sie bastelt für ihr Leben gern ganze Szenarien und Dramen zusammen. Dann muss ich sie manchmal bitten, für eine Weile den Mund zu halten. Denn sonst würde sie mich dazu bringen, wie erstarrt stehen zu bleiben und gar nichts mehr zu tun.

Klarheit gewinnen:

- Wie sieht deine Angst aus? Beschreibe sie möglichst genau – so wie sie vor dir oder in dir erscheint. Hat sie ein konkretes Aussehen – eine Fratze, eine besondere Größe?
- Wo in dir oder im Raum meldet sie sich zu Wort?
- In welchen Situationen erscheint sie mit Vorliebe? Warum gerade dann?
- Was sagt sie dir? Welche Stimme hat sie? Ist sie laut oder ganz leise?
- In welcher Hinsicht meint sie es gut mit dir? Wovor könnte sie dich warnen oder schützen wollen? Hat sie recht damit? Immer?
- Wie lässt sie sich beruhigen? Vielleicht, indem du ihr zuhörst? (Auch wenn du ihren »Ratschlägen« nicht zwangsläufig folgen wirst.)
- Kannst du ihr einen festen Platz einräumen, an dem sie aber

auch ihre Grenzen gezeigt bekommt? Wo wäre das? Wie könnte das aussehen?

Mut ist die große Schwester der Angst

»Für dich ist es so leicht. Du bist ja mutig.« Solche Sätze höre ich öfter, wenn ich etwas Neues gewagt habe. Aber nein, es ist nicht leicht, weil ich mutig bin. Mut bedeutet nie, dass es leicht ist, denn sonst bräuchte es ja keinen Mut. Mut bedeutet, dass du durch deine Angst gehst und trotz deiner Angst etwas tust oder sagst. Das bedeutet vielleicht auch, dass das, was entstehen möchte, wichtiger ist als deine Angst.

Auch mir schlottert das Herz dabei. In schlaflosen Nächten ringe ich mit mir … Muss das alles jetzt überhaupt sein? Kann ich mich nicht vielleicht ganz unauffällig davor drücken?

Aber irgendwann weiß ich, es geht nicht anders. Ich muss durch diese Angst durch. Ja, die Angst ist sogar ein deutlicher Hinweis darauf, dass der Weg genau hier entlang geht. Kein wirklich guter und bahnbrechender Schritt, an dem nicht kleine leuchtende Angstfeuer entlang des Weges lodern.

Die buddhistische Lehrerin und Autorin Pema Chödrön hat es in einem Buchtitel sehr schön benannt: »Geh an die Orte, die du fürchtest«. Dort ist der entscheidende neue Schritt.

Herzensanliegen brauchen immer Mut. Und richtiger Mut ist immer auch ein Herzensanliegen. Denn Mut hat seinen wahren Sitz im Herzen. Das französische und englische Wort für Mut (»courage«) stammt vom Lateinischen »cor« ab – das Wort für Herz. Unsere Sprache sagt es auch deutlich mit Wortwendungen wie »beherzt vorgehen« oder »sich ein Herz fassen«.

Beispiel:

Die Künstlerin Tina Stein meint dazu:
»Es kostet immer Mut, wenn man sich auf etwas Neues einlässt. Aber es gibt noch etwas anderes. Andere sagen mir, ich wäre so wahnsinnig mutig, aber ich bin gar nicht mutig, ich drehe die Dinge nur so lange in mir, bis ich Sicherheit gewonnen habe. Das ist nicht ein Zustand des Wollens oder Wünschens, sondern eine sichere Gewissheit. Dieser Zustand ist ganz still. Wenn er erreicht ist, braucht man überhaupt keinen Mut mehr, denn es gibt an diesem Ort keinerlei Zweifel.
Natürlich gibt es die alltäglichen Zweifel, die einen von der Seite erwischen. Zum Beispiel die Angst, dass etwas schiefgehen kann. Aber das ist eine äußere Ebene. Und der Ort der Gewissheit ist überhaupt nicht davon beeinflusst. Man muss diesen Ort bloß immer wieder in sich selbst finden und noch mal dorthin zurückfinden, wenn man sich verirrt hat. Jeder Mensch hat einen solchen Ort in sich. In stillen Zeiten findet man den Weg dorthin leichter.«

Manchmal ist es auch sinnvoll, sich klarzumachen, dass das Risiko in den allermeisten Fällen nicht unermesslich groß ist.

Beispiel:

Dorothe Schindler – Café-Inhaberin:
»Als ich selbst ganz am Anfang noch gezögert habe, so ins Ungewisse zu gehen, hat mir jemand gesagt: ›Überleg dir mal, was dir im schlimmsten Fall passieren

könnte. Vielleicht gehst du mit 6000 bis 7000 Euro Schulden raus. Etwas Schlimmeres passiert dir wahrscheinlich nicht.‹ Das hat mir sehr geholfen, mir wirklich klarzumachen, was mir passieren kann. Wir machen uns solche Sorgen und Gedanken, aber in Wirklichkeit sind die Gefahren in der Regel sehr überschaubar.«

Übung: Dein Mut

Diese Fragen solltest du unbedingt schriftlich beantworten, damit du deine Erkenntnisse später nicht vergisst:

- Wofür hast du in deinem Leben schon einmal oder gar oft Mut gebraucht?
- Was hast du in deinem Leben durch deinen Mut geschafft?
- Was wäre ohne deinen Mut nicht entstanden?
- Wofür brauchst du jetzt gerade Mut?

Nimm dir wirklich Zeit für diese Liste und lege sie dann an eine Stelle, wo du sie immer wieder siehst und mit der Zeit auch ergänzen kannst. Du wirst dich wundern, wie viele mutige Taten und Entscheidungen dir so nach und nach einfallen.

Ja, aber ... Die vielen Gesichter des inneren Widerstands

Innere Zweifel

Du wirst nicht nur von außen bekämpft. Dein schlimmster Feind steckt eventuell in dir selbst. Wir sind alle nur allzu gut darin, an uns zu zweifeln und uns kleinzumachen.

Das kleine Kind in uns sagt: Ich kann das nicht. Ich bin einfach noch nicht so weit. Ich muss mich weiter vorbereiten. Ich muss noch ganz viel lernen, bevor ich mich an diese Aufgabe heranwage. Vielleicht sollte ich noch ein Buch lesen oder ein weiteres Lernprogramm durcharbeiten, Kurse besuchen, Abschlüsse und Zertifikate sammeln, die mir bescheinigen, dass ich jetzt bestimmte Fähigkeiten habe.

Ja, das kann sogar sein. Aber meistens ist es eher eine Entschuldigung und nicht wirklich ein Grund. Wir sind selten richtig gründlich vorbereitet und »groß genug« für den nächsten Schritt. Neue Aufgaben kommen grundsätzlich dann auf uns zu, wenn sie uns ein klein wenig (oder auch ganz stark) überfordern.

Denn wir machen ja wirklich einen Schritt in etwas Neues hinein, schaffen vielleicht einen wirklichen Durchbruch. Wie sollte das gänzlich ohne eine gewisse Überforderung gehen? Wir können nicht vorangehen, ohne dass unsere Füße für einen Moment den sicheren Boden verlassen. In manche Entwicklungen muss man geradezu hineinstolpern, manchmal gar hineinfallen. Um dann festzustellen, dass man dort Dinge tun kann, die man vorher nicht für denkbar gehalten hat.

Die Alternative dazu sind wirklich tragische Gestalten, die in der ewigen Vorbereitung für etwas verharren, was dann vielleicht nie kommt. Und entscheidende Möglichkeiten und Chancen ergeben sich oft nur einmal in dieser Form.

Beispiel:

Elenai Staczak – Buchhändlerin:
»Nach dem Studium war mir schnell klar, dass ich in einer Buchhandlung arbeiten möchte. An eine Selbstständigkeit habe ich aber nicht gedacht. Dann bekam ich diese Buchhandlung zum Kauf angeboten und habe sofort zugeschlagen. Die alte Buchhandlung war schlecht geführt, und es war klar, dass ich das Konzept komplett ändern müsste, wenn das Geschäft eine Chance haben sollte. Und ich hatte wirklich gar kein Startkapital. Damals hat auch jeder gesagt, es ist der absolut falsche Zeitpunkt, eine Buchhandlung aufzumachen, denn der Buchhandel an sich befand sich schon damals in der Krise. Aber ich wollte das unbedingt machen, habe der Bank mein Konzept vorgelegt, und sie haben mir ein Darlehen bewilligt. Es ist vollkommen unklar, warum, aber ich war so begeistert von dem, was ich machen wollte, dass es geklappt hat. Ich glaube, mein starker Wille hat sie überzeugt. Und jetzt gibt es meinen Laden schon seit 15 Jahren.«

Als ich das erste Mal die Möglichkeit bekam, Kleingruppen zu unterrichten, hatte ich tausend Ausreden im Kopf, es nicht zu tun. Ich war sicher, dass ich dazu nicht in der Lage war. Aber irgendetwas in mir hat sich dennoch der Aufgabe gestellt – wenn auch mit schlotternden Knien. Wenn ich sehe, wie gerne ich heute unterrichte, kann ich mich nur freuen, dass ich damals nicht gekniffen habe, sondern die Gefahr eingegangen bin, in diesen Gruppen gnadenlos zu scheitern.

Zu unseren beliebten Einwänden gehört auch, dass es ja viel leichter wäre, wenn man bloß mehr Geld oder Zeit hätte.

Klar ist es etwas leichter, wenn man große Rücklagen hat oder ganz viel Zeit zur Verfügung. Das garantiert aber weder einen Erfolg, noch, dass du überhaupt den entscheidenden Schritt machst. Ich habe selten erlebt, dass diese Faktoren wirklich in größerem Maße vorhanden waren.

Manchmal boykottieren wir uns auch regelrecht selbst, indem wir unsere Pläne auf später verschieben. Das kann sich in neuen Entwicklungsphasen mit großer Regelmäßigkeit wiederholen. Vielleicht reden wir uns ein, es wäre nicht der passende Zeitpunkt oder die Bedingungen wären gerade nicht so günstig. Vielleicht sind andere Dinge gerade so viel wichtiger. Aber wann ist wirklich der passende Zeitpunkt? Welche Faktoren müssen für dich stimmen? Sprechen nüchterne Fakten zu dir oder lediglich deine Angst vor dem entscheidenden Schritt?

Deine Zweifel können sogar so groß werden, dass du dein Projekt ganz aufgibst. Der entscheidende Grund ist oft die finanzielle Sicherheit, die woanders z. B. in Form einer festen Stelle mit einem klaren Monatsgehalt angeboten wird. Manchmal mag diese Wahl natürlich auch die sinnvollere oder zurzeit gar die einzig mögliche sein. Aber wenn du mit dieser sicheren Stelle auf Dauer nicht glücklich bist, musst du dich irgendwann fragen, ob der Preis noch stimmt oder ob das »Tauschgeschäft« mittlerweile zu sehr schmerzt.

Diese zweifelnden Stimmen gibt es in uns allen. Mal meldet sich die eine lauter zu Wort, mal die andere. Manchmal reden sie heillos durcheinander.

Manche Argumente können durch klare Fakten geklärt werden. Gelegentlich geht es aber um mehr als die üblichen Zweifel. Dann sind vielleicht tiefe persönliche Grundmuster in dir angetriggert worden. Das kannst du daran erkennen, dass du nicht »stimmig« auf Ereignisse reagierst, sondern vielleicht sogar panisch oder aggressiv wirst. Vielleicht zeigt es sich auch durch eine ungewöhnliche Kraftlosigkeit, wenn es dir etwa sehr schwerfällt, dich zu wichtigen Aktivitäten oder Entscheidungen zu motivieren. Gelegentlich wirst du sogar krank in Situationen, die von dir konkrete Aktionen verlangen.

Ein weiteres Anzeichen dafür, dass bei dir gerade solche persönlichen Grundmuster deine Entscheidungen lenken, kann aber auch sein, dass du ständig anderen die Schuld für irgendetwas zuschiebst. Oder dass du überstürzte Entscheidungen triffst und sie recht schnell wieder verwirfst. Oder wenn du notwendige und wichtige Entscheidungen vor dir herschiebst. Manchmal auch, wenn du wiederholt dumme Fehler machst, die dich selbst sabotieren. Oder wenn du ständig ganz wichtige Dinge einfach vergisst. Dann lohnt es sich in der Regel, mit einem Coach oder Therapeuten näher hinzuschauen, was gerade los ist.

Klarheit gewinnen:

- Welche Anzeichen für deine inneren Widerstände kennst du?
- Um welches Thema geht es gerade für dich?
- Wovor hast du Angst?
- Was wäre das Schlimmste, was dir in der aktuellen Situation passieren könnte?
- Was würdest du verpassen, wenn du jetzt einen Rückzieher machst?

Und wenn es wirklich ein Erfolg wird?

Gelegentlich verstecken wir uns mit dem Gedanken »ich bin nicht gut genug« sogar hinter ganz anderen Bedenken. Denn häufig haben wir tief in uns eine riesengroße Angst vor den eigenen Kräften und Fähigkeiten. Vor dem, was möglich wäre, und vor dem, was sich ändern könnte. Vielleicht auch vor der Verantwortung, die damit einhergehen könnte.

Klarheit gewinnen:

- Was könnte aus dir werden, wenn du so richtig loslegen würdest?
- Wie wärst du als sehr erfolgreiche Person?
- Was würde sich dann alles ändern?

Was kannst du tun?

Wenn du von inneren Zweifeln geplagt wirst, kann es hilfreich sein, diese durcheinanderredenden Stimmen zu einer kleinen Konferenz einzuladen. Und dann hörst du dir an, was sie zu sagen haben. Vielleicht schreibst du dir sogar auf, was sie von sich geben. Schreibe wirklich konkrete Sätze, Behauptungen, Aussagen auf. Und hinterfrage dabei: Spricht gerade das kleine Kind oder ein Boykotteur? Um welchen Preis wird verhandelt?

Vielleicht kannst du dann in einem ruhigen Gespräch den einzelnen Stimmen in dir klarmachen, dass du ihre Botschaft gehört hast. Dass du vielleicht das eine oder andere davon auch ernst nehmen wirst, aber manches andere einfach nicht so stehenlassen möchtest. Vielleicht ist es auch sinnvoll zu fragen, was diese Stimmen in dir beruhigen könnte.

Allein schon diese Auseinandersetzung kann helfen, Klarheit zu gewinnen.

Beispiel:

Elke Brand – Film- und Literaturagentin:

»Auch wenn ich nach außen hin überzeugend auftreten kann, gibt es immer wieder auch die zweifelnde Stimme in mir. Das wird bis zu meinem Lebensende wohl auch so bleiben. Aber inzwischen habe ich gelernt, besser damit umzugehen, wenn diese innere Stimme kommt, die mir sagt, dass ich irgendetwas jetzt nicht tun kann – vielleicht mit einem bestimmten Angebot rausgehen oder ein entscheidendes Telefonat führen. Aber dann fange ich an, mit dieser Stimme richtig zu diskutieren, und sage ihr: ›Mal schauen, wer von uns jetzt gewinnt.‹ Ich mache regelmäßig Coachings und weiß mittlerweile, dass jeder von uns diese Stimme in sich hat und dass es wichtig ist, mit ihr in Kontakt zu treten und der Stimme auch ein bisschen Kontra zu geben.«

Übung: Zweifel umwandeln

Wenn deine Zweifel sehr hartnäckig sind, hilft vielleicht diese Übung:
Formuliere deine Zweifel schriftlich.
Vielleicht lautet ein Zweifel: »Schaffe ich das?«
Formuliere dann die Frage um in: »Wie könnte ich es schaffen?« und »Was brauche ich, um mein Ziel zu erreichen?«
Verfahre so mit allen Fragen, die dich beschäftigen. Formuliere sie passend um.
Diese umformulierten Fragen geben dir einen ganz neuen Handlungsspielraum, in dem du konkrete Schritte planen kannst und deine Zweifel in den Hintergrund rücken.

Eine weise Frau

In besonders entscheidenden Entwicklungsphasen oder bei großen Entscheidungen gönne ich meiner inneren Kritikerin mal ein paar freie Stunden und lade mir eine wirklich weise Frau ein.

Ich muss sie nicht suchen gehen. Sie befindet sich genau wie meine innere Kritikerin schon längst tief in mir drin. Meine »weise Frau« finde ich dort, wo in aufgeregten Situationen etwas in mir vollkommen ruhig ist. Für mich ist sie meist körperlich hinter dem Herzen spürbar. Sie nimmt alles wahr, was gerade in meinem Leben geschieht, bleibt aber absolut gelassen, denn sie hat die Fähigkeit, die ganz große Perspektive und den höheren Sinn zu erkennen. Sie spricht mit einer klaren, ruhigen Stimme zu mir, und ihre Lebenserfahrung ist beeindruckend. Meine Aufgabe ist es nur, ihr zuzuhören.

Natürlich ist eine »weise Frau« auch in dir vorhanden. Vielleicht magst du nachspüren, wo du eine solche Qualität in dir wahrnimmst.

Wir reden allerdings viel zu selten mit ihr. Also lassen wir sie mal für eine Weile ausführlich zu Wort kommen.

Wie würde sie jetzt entscheiden? Wovon würde sie dir abraten? Hat sie sonst Empfehlungen für dich? Kann sie etwas sagen, um dich zu stärken oder dir Mut zu machen?

Grandios scheitern

Niemand kann gut scheitern. Scheitern ist immer ein Schlag ins Gesicht. Wir verlieren den Boden unter den Füßen und fallen vielleicht auch mehr als unsanft hin. Lernen aber hoffentlich mit der Zeit, immer schneller wieder aufzustehen und uns nicht noch zusätzlich selbst dafür fertigzumachen, dass wir gerade gescheitert sind.

Was hast du richtig gemacht?

Sollte diese unangenehme Situation eingetreten sein – irgendwann wird dies unweigerlich zumindest in einigen Teilbereichen der Fall sein –, lade ich dich ein, etwas anders darüber nachzudenken. Nämlich zuallererst festzuhalten, was du alles in dieser Situation richtig gemacht hast. Denn du hast schon viel getan, sonst hättest du gar nicht scheitern können. Und vieles davon war goldrichtig. Und ein paar Dinge vielleicht nicht. Oder jetzt nicht. Oder nicht genau so.

Abgesehen davon: Du entwickelst gerade etwas Neues, und dafür gibt es eigentlich keine klaren Definitionen von richtig und falsch. Um etwas als richtig oder falsch einstufen zu können, bedarf es der Erfahrungswerte, und diese kannst du noch nicht haben.

Schauen wir uns deshalb an, was bisher alles gut gelaufen ist. Denn das ist der Boden, auf dem du weiterbauen kannst, auf dem du jetzt einen Richtungswechsel oder eine Kurskorrektur vornehmen kannst.

Übung: Falsch und richtig trennen

Schreibe auf einem großen Blatt Papier als Überschrift auf, was geschehen ist, was gerade gescheitert ist.
Teile dann das Blatt in zwei senkrechte Spalten, wobei du ganz unten etwas Platz über die ganze Breite frei lässt. In der linken Spalte schreibst du auf, was du alles richtig gemacht hast: welche Vorbereitungsschritte in Ordnung waren, was gut angekommen ist, welche Gedanken stimmten usw. Und erst danach schreibst du in der rechten Spalte auf, was gerade misslungen ist, was nicht umgesetzt werden konnte, womit du nicht überzeugen konntest.
Ganz unten in der großen, freien Zeile notierst du, welche Erkenntnis du aus deinen beiden oberen Spalten gewonnen hast.

Mut zu scheitern

Viele wichtige Lebensschritte scheitern schon daran, dass wir panische Angst davor haben zu scheitern und einige Wege deshalb gar nicht erst gehen. Angst, dass ein angefangenes Projekt nicht gelingen könnte, dass deine neu entwickelten Produkte nicht gekauft werden, dass die neuen Lebensumstände nicht die Veränderung bringen, die du dir erhofft hattest. In unserer Kultur ist es nicht vorgesehen, dass man auch gelegentlich grandios scheitern darf. Und mit grandios meine ich durchaus auch, das Scheitern schon fast zu zelebrieren – weil es eben zu einem erfolgreichen Weg dazugehört und deshalb einen würdigen Platz haben sollte. Denn wir wissen alle, dass richtig erfolgreiche und innovative Menschen in der Regel schon sehr oft gescheitert sind. Sie haben Produkte oder Angebote entwickelt, die niemanden interessiert haben. Sie haben einige Pläne aufgeben müssen, haben aber daraus ihre Lehren gezogen und etwas Neues gemacht. Bis irgendwann der große Durchbruch kam.

Wenn wir nicht gelegentlich so richtig auf die Nase fallen, kann es sein, dass wir nicht weiterkommen, weil wir nicht wirklich etwas Neues gewagt haben.

Bedenke, dass Scheitern nicht das Gegenteil von Erfolg ist, sondern sehr häufig eng damit verbunden ist. Denn manche vermeintlich falschen Schritte dienen nur dazu, Erfahrungen zu machen. Denn Erfahrung kann man nicht kaufen, Erfahrung kann man nicht planen. Diese Schritte wollen wirklich gegangen und erfahren werden. Und nur auf dem Boden dieser Erfahrungen können bessere Entwicklungen stattfinden und kann wirklich Neues entstehen.

Diamanten werden nun mal geschliffen. Man findet sie nicht einfach so in der Natur. An Widerstand kannst du wachsen und dich schleifen lassen zu einem wirklichen Unikat.

Du kennst den heilsamen Schrecken von eiskaltem Wasser

und die sehr belebende und wärmende Wirkung danach. Scheitern kann eine solche eiskalte Dusche sein, die dich wachrüttelt. Denn du willst ja nicht immer ein bequemer Warmduscher sein, oder?

Manche Projekte sollen sogar scheitern. Das klingt jetzt vielleicht etwas hart. Aber manchmal dienen sie nur der Vorbereitung für das, was stattdessen entstehen soll.

Ein Künstler hat es einmal so ausgedrückt: »Ich bin täglich von meinem Scheitern umgeben. Um mich herum stehen meine misslungenen Bilder. Ich stehe davor und schaue, was ich alles falsch gemacht habe, was einfach nichts wurde. Und aus diesen Fehlern entsteht ein neues Bild. Ohne die gescheiterten Bilder davor wäre das gelungene Werk nicht denkbar gewesen.«

In meinen frühen Jahren als Therapeutin hatte ich das große Bedürfnis, mit anderen Körpertherapeuten ein Netzwerk aufzubauen, um uns zu stärken und auszutauschen. Ich wollte nicht mit all meinen Fragen, Problemen und Anregungen immer allein konfrontiert sein. Ich sage es gleich, es ist kläglich gescheitert. Es gelang zwar relativ schnell, eine recht große Anzahl Menschen dafür zu begeistern. Was dann aber folgte, war schwerfällig und mühsam. Ich war fast die Einzige, die Input gab, die Ideen und Lust auf Informationsaustausch hatte. Die anderen waren stumme Personen auf einer Adressliste. Irgendwann war ich mürbe und habe das Netzwerk verlassen. Und siehe da, als meine Kräfte nicht mehr in dieses Netzwerk geflossen sind, hatte ich auf einmal mehr Zeit für den Aufbau meiner eigenen Seminare und für die Gestaltung meines Blogs und Newsletters. Heute kann ich all meine Anregungen dort hineinfließen lassen, kann Texte schreiben, Seminarideen entwickeln, und über die große neue Gemeinschaft der Leser und Seminarteilnehmer ist eine ganz andere Art von Netzwerk entstanden.

Keine Garantien

Die Sicherheit, dass etwas ein Erfolg wird, existiert nicht. Das ist ein Fakt, an dem man nicht vorbeikommt. »Ich würde mein Leben so gern ändern, aber ich trau mich nicht, denn ich habe Angst, dass es nicht gelingen könnte.« Wie oft hast du solche Aussagen in der einen oder anderen Färbung schon gehört? Indem ich aber etwas nicht tue, weil ich Angst habe, es könnte scheitern, bin ich schon gescheitert.

Michael hat mehrere Ausbildungen im Gesundheits- und Coachingbereich. Er weiß ungeheuer viel und schafft mit seinen unterschiedlichen Fachgebieten spannende, neue Denkansätze. Daraus ließe sich ein ganz einzigartiges Angebot entwickeln.

Immer wieder setzt er neu an, im Nebenberuf eigene Seminare und Einzelberatungen anzubieten, aber kaum steht sein Konzept, bricht seine Energie weg. In seinem Kopf schwirren Sätze herum wie »Vielleicht interessiert es ja doch niemanden? Eigentlich habe ich so viel anderes zu tun, warum soll ich mir dieses neue Konzept auch noch aufbürden?« und ähnliche mehr. Und so bleibt er dabei, sein Geld mit einer eher einfachen und schlecht bezahlten Festanstellung zu verdienen.

In Einzelsitzungen haben wir irgendwann das Thema angepackt, und es wurde schnell klar, worum es eigentlich geht: »Solange ich mein neues Konzept nicht in der Öffentlichkeit anbiete, wird mein mögliches Scheitern für andere nicht sichtbar.«

Ich fragte ihn, welche Stimme für ihn dahinterstehen würde? Welche Person würde dieses mögliche Scheitern als solches bewerten? Michael erzählte dann von seinem Vater, der ein sehr erfolgreicher Geschäftsmann war und der für den beruflichen Weg seines Sohnes nur ein verächtliches Grinsen übrig hatte – verbunden mit Sprüchen wie »Und davon willst du leben?«, »Was soll das eigentlich werden?« bis hin zu »Du kriegst doch eh nie etwas richtig hin.« Der Vater war schon seit 20 Jahren tot, aber seine Stimme hatte immer noch Macht.

Rückschläge

Und dennoch – manche Tiefschläge treffen uns wirklich ganz heftig, und es ist vollkommen in Ordnung, dass wir ins Straucheln kommen. Aber was sollen wir dann tun?

In solchen Situationen ist das Allerwichtigste, nicht aufzugeben. Sich vielleicht sogar zu sagen: „Jetzt erst recht". Dann ist es wichtig, unbedingt mit irgendetwas weiterzumachen. Und sei es erst mal nur winzig-kleine Schritte zu gehen, aber damit deiner Umwelt zu signalisieren, dass du noch da bist und deinen Traum nicht aufgegeben hast, dass du vielleicht einige Tage oder Wochen mit halber Kraft und auf noch etwas zittrigen Beinen weitergehst – aber du gehst weiter.

Es geht bei solchen Tiefschlägen nicht gleich um das große endgültige Scheitern. In jedem Entwicklungsprozess gibt es Rückschläge. Eine Weile geht vielleicht alles gut, und auf einmal stagnieren Teilbereiche oder manche Vorhaben gelingen gar nicht mehr. Wichtig ist zu wissen, dass so etwas normal ist. Und dass an solchen Stellen große Flexibilität gefragt ist. Kannst du deine Richtung anpassen? Kannst du Neues hinzunehmen, Altes weglassen?

Erfolgreiche Menschen können ein Lied davon singen, wie häufig sie bei manchen Plänen auch Rückschläge einstecken mussten. Selten erfährt man allerdings in der Öffentlichkeit davon.

Es gibt sogar einige positive Aspekte. Rückschläge bringen dich zum Anhalten und Innehalten. Vielleicht sollst du etwas Zeit gewinnen? Vielleicht ist es wichtig, noch ein wenig nachzudenken, ohne gleich alle Pläne in Frage zu stellen?

Dabei solltest du jedoch nicht vergessen, dass Rückschläge nicht zwangsläufig bedeuten, dass dein Plan nicht in Ordnung war. Vielleicht stimmten andere Faktoren wie Zeitpunkt, Kooperationspartner, Ort etc. noch nicht.

Beispiel:

Anita Maas – Verlegerin:
»Die eigene innere Arbeit ist sehr wichtig in schwierigen Zeiten, die von Stagnation oder Rückschlägen geprägt sind. Man muss dann dafür sorgen, dass man in eine bessere Energie kommt und das Positive wieder sieht.«

Warum manche Projekte scheitern

Natürlich scheitern Projekte auch endgültig. Oft an finanziellen Grenzen, die keinen Spielraum mehr geben. Oder wenn die Kräfte ausgehen.

Wenn für dich die Frage im Raum steht, ob dein Projekt gescheitert ist oder zu scheitern droht, solltest du darüber nachdenken, wie es für dich wäre, wenn du jetzt aussteigen würdest. Wie fühlt sich das an? Wenn dann eher eine große Erleichterung in dir spürbar wird, könnte es sein, dass du dein Projekt in der aktuellen Form tatsächlich vorerst zurückstellen solltest. Eine norwegische Regel für Bergwanderungen sagt: »Es ist keine Schande umzukehren.« Denn manchmal rettet das dein Leben.

Aus den Erfahrungen vieler meiner Gesprächspartner konnte ich einige Erkenntnisse darüber sammeln, woran Projekte scheitern können:

- Es war nicht wirklich das eigene Herzensthema, sondern etwas, das andere wollten oder das nach außen hin etwas darstellen sollte.
- Es war eigentlich eher ein Hobby oder ein verrückter Traum.
- Es war eine Flucht vor etwas anderem, vor einem ungeliebten Beruf oder vor einer unglücklichen Lebenssituation.
- Es fehlte im Vorfeld eine realistische finanzielle Planung.
- Die Menge und Art der Arbeit wurden unterschätzt.
- Das Projekt hat Strukturen vorgegeben, die nicht zur eigenen Persönlichkeit passten.
- Es war zu früh. Die Menschen waren noch nicht offen für diese Art Projekte.
- Es gab zu starre Vorstellungen von Strukturen und Umsetzungsformen und zu wenig Spielraum für die Entwicklung.
- Es gab zu wenig Interaktion mit möglichen Kunden.
- Die Persönlichkeit der Betreiber war noch nicht ausreichend entwickelt für diese Art von Projekt, es musste noch Neues gelernt und geübt werden.
- Die Absichten, die mit dem Projekt verfolgt wurden, waren andere als die, die nach außen kommuniziert wurden.
- Das Privatleben hat zu sehr darunter gelitten.
- Die Unsicherheit einer selbstständigen Arbeit mit entsprechenden Umsatzschwankungen war unerträglich.
- Das Projekt hatte zu viele Verbindlichkeiten in Form von hoher Miete oder Gehältern, bevor es auf stabilen Füßen stand.
- Es hat ganz einfach nicht so viel Spaß gemacht, wie man vorher dachte.

Kannst du neu denken?

Du stehst vor einem Problem und weißt, dort warst du schon einmal. Du standest bereits vor genau dieser Hürde, vor dieser Wand direkt vor deiner Nase. Und wie oft bist du genau an dieser Stelle gescheitert?

Wir scheitern, wenn wir versuchen, alte Probleme mit alten Lösungen und Wegen zu bewältigen. Statt innezuhalten, still zu werden und offen zu sein für eine neu entstehende Lösung, ein neues Denken, ein neues Sein.

Stefanie R. war seit vielen Jahren selbstständig im Bereich Marketingberatung und jetzt mehr als verzweifelt, weil ihre Kunden zunehmend ausblieben. Und beschämt, weil »ich doch die Expertin bin, die andere darin berät, wie man Marketing anpackt«. Dabei hatte sie ihr eigenes Marketing ganz »richtig«, nach allen Regeln der Kunst gemacht, so wie sie es gelernt und jahrelang praktiziert hatte, aber kaum jemand wollte zurzeit ihr recht exklusives und hochpreisiges Angebot buchen.

Ich wagte es anzuregen, darüber nachzudenken, ob sie eventuell an den Bedürfnissen ihrer potenziellen Kunden vorbeidenke. Die Zeiten hätten sich immerhin geändert, und die Konkurrenz in ihrer Branche wäre schon längst mit meist wesentlich günstigeren und attraktiveren Angeboten auf dem Markt. Aber allein diese kleine Anregung war für Stefanie eine reine Provokation. Wenn das Modell früher funktioniert hat, müsse es auch heute funktionieren. Denn ihr Angebot sei absolut stimmig und der Preis dafür auch. Sie brach unser Gespräch ab, fast schon etwas beleidigt, dass ich es gewagt hatte, die Gestaltung ihres Angebots infrage zu stellen.

Später hörte ich, sie wäre mit einem neuen Angebot unterwegs – diesmal noch exklusiver, noch hochpreisiger ... Aber ob sie damit neue Kunden gewinnen würde?

Wenn etwas nicht werden will

Wenn es wirklich nicht gelingt und der Weg deines Projekts zu Ende ist, gibt es zwei ganz entscheidende Gedanken.

Erstens ist dein Traum eventuell nicht grundsätzlich gescheitert, sondern nur diese äußere Form oder Gestaltung davon. Vielleicht hast du dich an die falsche Zielgruppe gewandt, oder die Zeit war noch nicht reif. Vielleicht braucht dein Angebot einen anderen inhaltlichen Schwerpunkt?

Beispiel:

Karl Gläsle – Produzent einer Pralinenmarke:
»Als ich das erste Mal anfing, über eine Herstellung meiner Pralinen nachzudenken, gab es – vor allem hier im Osten Deutschlands – kaum kleinere Schokoladenmanufakturen, die die notwendige Flexibilität für eine solche Produktion anbieten konnten. Die großen Schokoladenhersteller sind dafür zu stark technifiziert, und mit Maschinen lässt sich mein Produkt bis heute nicht herstellen. Erst fünf bis sechs Jahre später kam ein neuer Trend zu kleineren, experimentierfreudigeren Manufakturen unterschiedlicher Art. Und erst dann fand ich meinen ersten Anbieter, der es wagte, mit mir in diese ganz besondere Herstellung reinzugehen.«

Zweitens ist es wichtig, das Projekt in dieser Form in Dankbarkeit zu verabschieden, damit keine schlechten Gefühle zurückbleiben. Vielleicht kannst du dich sogar für alles bedanken, was du dadurch gelernt hast. Für die Erfahrungen, die dir beim nächsten Projekt gewiss eine große Hilfe sein werden.

Klarheit gewinnen:

- Wann und womit bist du so richtig gescheitert?
- Was hast du selbst dazu beigetragen?
- Was haben andere dazu beigetragen?
- Kannst du dir verzeihen, dass du gescheitert bist?
- Was war eventuell gut daran?
- Was kannst du das nächste Mal besser machen?
- Erkennst du, was aus dem Scheitern entstanden ist, was vielleicht sonst nicht der Fall gewesen wäre? Ist etwas Neues oder Wichtiges entstanden?
- Mit welcher Einstellung könntest du dir heute erlauben, etwas ganz Neues zu wagen, auch wenn ein Scheitern durchaus möglich ist?
- Wenn du für einen Moment davon ausgehst, dass alles, was du heute in die Wege leitest, wirklich gelingen wird – was würdest du dann heute tun?

Umgang mit Veränderungen

Den ersten Schritt machst du in deinem alten Leben. Nur den allerersten. Dann hat die Reise in dein neues Leben begonnen, und du bist schon mitten drin in einer spannenden Entwicklung. Wohin es genau führen wird, wirst du erst sehr viel später wissen. Noch kannst du weder die kommenden Erfolge noch die anstehenden Herausforderungen vorhersehen.

Leben ist immer Veränderung

Das Leben besteht aus Veränderungen. Kein Tag ist wie der andere. Unser körperlicher Zustand ändert sich ständig, unsere Stimmung, unser Wissen, unsere Erfahrung ...

Und dennoch schätzen wir große Veränderungen nicht unbedingt. Wir Menschen sind so gestrickt, dass wir es gerne beim Alten, Gewohnten und Vertrauten belassen. Unbewusst versuchen wir ständig, die alte Ordnung wiederherzustellen.

Natürlich wollen wir irgendwohin, natürlich wollen wir etwas erreichen. Und ja, klar, irgendwie wollen wir auch die Veränderung. Und dennoch sind große Veränderungen schwer und kosten Kraft.

Wer einmal für längere Zeit in einer fremden Kultur oder in einem fremden Sprachraum gelebt hat, weiß um die enorme Erschöpfung, die damit einhergeht. Und in einem neuen Lebensprojekt dauert es auch eine Weile, bis man die dortige »Sprache« spricht und sich mit den neuen Gegebenheiten auskennt.

Veränderung bringt aber auch viele neue und spannende Möglichkeiten und kann eine richtige Kraftquelle sein. Und dennoch gehören auch Verluste dazu – Gewohnheiten, Alltagsabläufe und alte Sicherheiten lassen sich nicht immer aufrechterhalten.

Übung: Ein kleiner Schubs in die erste Veränderung

Fangen wir ganz harmlos an. Wenn etwas anders werden soll, musst du etwas verändern. Das muss noch nicht einmal etwas mit deinem Projekt zu tun haben. Die folgenden Anregungen klingen vielleicht seltsam, aber probiere einige davon einmal aus und beobachte, was es mit dir macht.

Räume die Sachen in einem häufig benutzten Regal oder Schrank um. Stelle deinen Lieblingssessel woandershin, so dass du deine Perspektive änderst. Trinke morgens Tee statt Kaffee. Geh eine andere Wegstrecke nach Hause. Iss eine Weile nur mit der linken Hand.
Natürlich ist das alles nur symbolisch. Und dennoch sendest du ein erstes Signal, dass sich ab jetzt etwas ändern wird. Und in deinem Gehirn werden jetzt schon neue Synapsen gebildet und neue Wege angebahnt.

Leichtere Schritte in die Veränderung

Du wirst auf diesem Weg zu einer Person werden, die du dir heute noch nicht vorstellen kannst. Und erst im Rückblick wirst du erkennen können, was du geworden bist.

Auf dem Weg dorthin geraten wir aber gelegentlich ins Schwanken. Leichter wird der Weg der Veränderung, wenn wir heute schon versuchen, uns konkret vorzustellen, wie es werden könnte.

Übung: Dein neues Ich

Sorge für einen ungestörten Raum mit genügend Platz, so dass du dich im Zimmer einige Schritte bewegen kannst. Stelle dir für einen Moment eine andere Version von dir vor. Diese zweite Variante von dir ist schon ein Stück weiter als du im Moment. Sie ist vielleicht selbstbewusster, sicherer, mutiger, freier … und hat alle diese Eigenschaften, die du gerne hättest. Schau noch mal genau hin. Was fehlt diesem neuen Ich noch? Fühlt es sich wirklich stimmig an?
Dann stelle diese neue Ich-Version in deiner Vorstel-

lung ungefähr einen Meter von dir entfernt hin, so dass du sie dir anschauen kannst. Prüfe erneut, ob alles stimmt. Fehlen Eigenschaften oder Fähigkeiten? Wenn ja, dann füge diese hinzu, bis dir das Bild stimmig vorkommt.
Dann bewege dich von deiner jetzigen Position auf die Stelle zu, an der diese zukünftige Ich-Version steht, bis du genau an ihrer Position stehst. Spüre nach, wie es sich dort anfühlt. Was du dort »wahr«-nimmst – was hier Wahrheit und Wirklichkeit werden darf. Was ist hier anders? Welche Gefühle verändern sich gerade in dir? Was würde dieses zweite Ich in einer aktuellen Situation machen? Würde es etwas anderes wagen? Würde es dir für die aktuelle Situation einen guten Ratschlag geben können?
Diese Übung kannst du immer wieder machen, wenn du eine kleine Stärkung für deinen Weg brauchst. Oder wenn du wissen möchtest, was dein größeres Ich, dein zukünftiges Ich zu aktuellen Problemen sagen würde.

Leichter kann es auch werden, wenn du dir einen oder mehrere Wegbegleiter suchst, die vielleicht auch auf einem ähnlichen Weg sind, und ihnen davon berichtest, was du in absehbarer Zeit alles anpacken möchtest. Allein schon durch das Aussprechen deiner Pläne – sozusagen vor »Zeugen« – bist du für dich selbst in die Verbindlichkeit gegangen, und die Wahrscheinlichkeit, dass du deine nächsten Schritte auch umsetzt, ist wesentlich größer.

Ich habe auf meinem Weg immer wieder solche Gruppen gehabt. Manchmal haben wir sogar wöchentliche Telefontermine miteinander vereinbart, um uns diese Verbindlichkeit zu geben, und natürlich auch, um uns gegenseitig Mut zu machen und zu unterstützen. Und alle Teilnehmer haben in der gemeinsamen Zeit erstaunlich große Fortschritte gemacht.

Scheidewege

Immer wieder kommen Momente, in denen wir klare Entscheidungen treffen müssen – wo der Weg sich eindeutig gabelt: nach links und rechts. Aber welche Entscheidung ist jetzt richtig?

Vielleicht helfen dann folgende Fragen:

Welche Person wirst du werden, wenn du dich für Möglichkeit A entscheidest? Wirst du auf diesem Weg deinen Zielen deutlich näher kommen? Entspricht dieser Weg deinen Werten und deiner Berufung? Welchen Preis wird dieser Weg für dich haben?

Wenn du anschließend dann die gleichen Fragen für Möglichkeit B durchgehst, hast du vielleicht schon mehr Klarheit darüber gewonnen, welcher Weg gerade der bessere für dein Projekt ist.

Und wenn du immer noch nicht klarer siehst und haderst, dann wähle eine der Möglichkeiten willkürlich aus. Du kannst z. B. Möglichkeit A und B jeweils auf einen Zettel notieren, diese mit dem Text nach unten umdrehen und so durcheinanderwirbeln, dass du nicht mehr weißt, welche Alternative sich wo befindet. Wenn du jetzt einen Zettel wählst und damit eine Entscheidung triffst, verlierst du durch das Hadern keine weitere Kraft mehr. Und oft wird schon bei der Vorbereitung zu dieser kleinen Übung klar, dass du doch eine bestimmte Alternative bevorzugst und die Entscheidung lieber nicht dem Zufall überlassen möchtest.

Menschen verlassen dich

Es kann in dieser Zeit der Veränderung vorkommen, dass sich Menschen aus deinem Leben verabschieden. Keine Panik, du wirst nicht vollkommen einsam und verlassen dastehen. Aber in Lebensphasen, in denen du dich veränderst – und ein neues Herzensprojekt IST eine große Veränderung –, wird es immer wieder vorkommen, dass einige Menschen nicht mit dir weitergehen können.

Es wird nicht unbedingt eine klare Trennung sein. Sie werden es dir nicht direkt sagen können. Nicht, weil sie es nicht wollen, sondern weil sie keine Worte für ihre diffusen Gefühle haben. Vielleicht merken sie nur, dass sich hier etwas verändert, und viele Menschen reagieren dann mit Ablehnung oder Sorge. Vielleicht sind eure Lebensthemen mittlerweile sehr unterschiedlich geworden. Eventuell war schon länger eine Unstimmigkeit in dieser Freundschaft oder Beziehung, aber sie wurde durch alte Gewohnheiten weitergeführt. Jetzt geht es vielleicht nicht mehr.

In fast allen neuen Lebensphasen oder Lebensübergängen ist mir mindestens eine enge Freundschaft verloren gegangen. Ich habe sehr damit gehadert und mich sehr um eine Fortsetzung bemüht. Ich habe es einfach nicht verstanden, warum sich Menschen auf einmal von mir abwenden, scheinbar keine Zeit mehr haben oder andere Gründe gegen einen Kontakt sprechen. Gerade dann, wenn so viel in meinem Leben passierte und ich so gerne mit diesen Menschen darüber gesprochen hätte. Aber im Rückblick habe ich es meist klarer sehen können. Gewisse Beziehungen können die nächsten Wege nicht mit dir gehen. Eventuell geht es sogar um unangenehme Gefühle wie Neid oder Eifersucht, und das wollen die wenigsten sich wirklich eingestehen.

Was kannst du dann tun? Wenn sich eine solche Entwicklung andeutet, ist es hilfreich, die Schuld nicht bei sich selbst zu suchen oder sich gar von den aktuellen Plänen abzuwenden, sondern zu erkennen, dass manche Beziehungen nur für eine gewisse, begrenzte Zeit in deinem Leben sind. Dass das gut ist so und du dich jetzt in Dankbarkeit für die gemeinsame Zeit verabschieden darfst und deinen Weg weitergehst. Vielleicht begegnet ihr euch in einer anderen Lebensphase erneut, und dann passt es eventuell wieder.

Wahrscheinlich gibt es sogar schon längst neue Menschen in deinem Leben, die du vielleicht noch nicht so bewusst wahrgenommen hast, weil sie noch nicht zu deinem täglichen Umfeld gehören. Aber du bewegst dich eventuell schon in anderen Kreisen, tauschst dich mit neuen Menschen über deine Pläne aus; es ergeben sich zufällig Gespräche mit anderen oder du bekommst unerwartet Unterstützung von fast fremden Menschen. Wenn einige Kontakte wegbrechen, ist das zwar traurig, es entsteht aber auch möglicher Freiraum für neue Kontakte.

Auf deinem Weg zu dir selbst darfst, kannst und sollst du andere Menschen sogar ent-täuschen. »Ent-täuschen« im Sinne von »aus der Täuschung hinausgehen«, aus der Täuschung, alles könne noch so sein, wie es »immer schon« war. Denn das ist es nicht mehr. Es hat sich vieles verändert.

Was gewinnen die anderen?

Aus Angst davor, dass unsere Entscheidungen dazu führen könnten, dass Menschen uns verlassen, vergessen wir, dass unsere Veränderung für unser Umfeld auch ein Gewinn sein könnte.

Wie könnte dein nahes Umfeld – Familie, Partner, Kinder, Freunde – von der neuen Situation profitieren, wenn du dein Herzensanliegen umsetzt, wenn du glücklich bist, vielleicht sogar leichter Geld verdienst, zeitlich flexibler bist oder was auch immer dein Projekt mit sich führen könnte?

Die Wandlung des Projekts

Jedes Projekt hat auch ein Eigenleben. Es ist nicht immer nett und hübsch. Nicht immer geht alles nach Plan und wird genau so, wie du es dir vorgestellt hattest. Du wirst immer auch mit deinem Projekt hadern und kämpfen.

Hier kommt etwas Neues in die Welt. Das geschieht immer auch unter Schmerzen. Wenn zu deinem Projekt nicht gelegentlich auch ein leidenschaftliches Ringen gehört, ist es wahrscheinlich kein Herzensprojekt. Und das gilt nicht nur für die Aufbauphase, sondern für alle Entwicklungsphasen. Immer wieder will oder muss etwas anders gestaltet werden.

»Malen ist für mich immer so herrlich entspannend. Wenn ich vor meinen Aquarellen stehe, bin ich immer glücklich.«

Solche Aussagen machen mich persönlich immer ganz fassungslos. Ich male auch. Und ich finde Malen ganz und gar nicht entspannend. Ich stehe nicht glücklich vor der Leinwand. Ich suche, drehe und wende, lasse die Farbe zu mir sprechen, hadere mit ihr, ändere etwas, ändere wieder. Und bin überglücklich, wenn das Bild endlich anfängt, mit mir zu sprechen, wenn das Eigenleben des Bildes spürbar wird. Dann geht die Diskussion zwischen mir und dem Bild aber erst los – wer bist du, wohin willst du? Welches Leben entsteht gerade hier vor meinen Augen? Was kann ich tun, damit du dich noch deutlicher zeigst? Ein Strich hier, eine neue Farbe dort. Stimmt die Helligkeit, habe ich eine entscheidende Geste ausgelassen? Kippt es von mir weg oder kommt es auf mich zu?

Nach Stunden vor der Staffelei bin ich meist tief erschöpft. Habe das Gefühl, durch tiefe Schichten meiner Seele gewandert zu sein, dunkle Stellen aufgedeckt und dazwischen glitzernde Diamanten gefunden zu haben. Ich bin durch Schluchten und auf hohe Berge gewandert.

Im allerbesten Fall stehe ich danach vor dem Bild und bin glücklich. Freue mich über das neue Wesen, das hier entstanden ist. Ich habe es nicht wirklich selbst geschaffen. Es ist geboren worden.

Im schlimmsten Fall spricht es noch nicht. Ich muss es in die Ecke stellen und morgen oder auch erst nächstes Jahr eine neue Auseinandersetzung damit wagen.

All meine eigenen Herzensprojekte gingen immer wieder durch ähnliche Phasen des Zweifelns und der Prüfung. Wenn sie länger ausblieben, war es für mich eher ein Warnzeichen, dass etwas stagnieren könnte.

Nicht immer muss die Wandlung ein heftiges Ringen sein, sondern vielleicht eher eine grundsätzliche Öffnung für das Neue.

Beispiele:

Elke Brand – Film- und Literaturagentin:
»Man darf sich nicht davon täuschen lassen, dass es jetzt gerade richtig gemütlich geworden ist, sondern immer auch schauen, wo der nächste Schritt sein könnte. Sonst kann man nämlich daran kaputtgehen, dass es zu klein und gemütlich bleibt. Man muss den Rhythmus, den das Unternehmen vorgibt, auch mitgehen.«

Angelika L. – Massage Praktikerin:
»Es gab auch eine Phase, in der ich dachte, jetzt wird meine geliebte Arbeit langsam ein wenig langweilig. Und da war mir klar, dass ich neues ›Futter‹ suchen muss, dass ich etwas Neues lernen muss. Das waren für mich damals die Klangschalen-Therapie und die ›Heilsame

Berührung‹. Auch wenn man die schönste Sache der Welt macht, braucht man gelegentlich neue Richtungen in der Arbeit. Sonst wird es irgendwann Routine.«

Klarheit gewinnen:

- Bist du im Dialog mit deinem Projekt?
- Stellst du Fragen? Hörst du Antworten?
- Horchst du auf die Wandlungsbedürfnisse des Projekts?

Du bist ein Held!

In der klassischen Heldenreise der griechischen Mythologie ist ein Entwicklungsweg beschrieben, der auch für unsere Herzensprojekte interessant ist.

Nach diesem »Schema« sind übrigens so manche älteren und neueren Märchen, Sagen, Filme und Bücher aufgebaut – u.a. Odysseus, Harry Potter, Star Wars ...

Das große und umfassende Thema der klassischen Heldenreise sei hier in wenigen Worten zusammengefasst:

Zu Beginn hört der Held den »Ruf« und begibt sich auf einen mutigen Weg, um eine besondere Aufgabe zu lösen. Oder er weigert sich erst einmal, dem Ruf zu folgen.

Was hat das mit unseren Projekten zu tun?

Wir hören den »Ruf« von dem, was entstehen möchte. Manchmal weigern wir uns zunächst hinzuhören. Denn oft haben wir Angst vor diesen mutigen Entscheidungen, wir machen uns klein oder reden das Projekt klein. Das kann über einen langen Zeitraum so andauern, bis das Projekt wieder lauthals »ruft« und auf sich aufmerksam macht.

So berichtet etwa die Café-Inhaberin Dorothe Schindler, dass sie die Idee zu ihrem Café schon 20 Jahre mit sich herumtrug, bevor sie sie wirklich umgesetzt hat.

Der Held tritt also irgendwann einen abenteuerlichen Weg durch eine neue Landschaft an, für die er sozusagen weder eine Landkarte noch eine Wegbeschreibung hat.

Auch wir wissen in den seltensten Fällen, wie unser Weg genau aussehen wird. Wir werden unterwegs viel Neues kennenlernen und neue Fähigkeiten entwickeln müssen.

Unterwegs begegnet der Held meist einem Mentor – einer Person, die ihm unterstützend zur Seite stehen kann. Mal ist es eine reale Person, mal eine Möglichkeit oder eine besonders hilfreiche Information.

Es warten auch mehrfach »Schwellen« auf den Helden. Er muss immer wieder neue Bereiche und Stufen betreten, oft zögerlich und voller Angst. Das Schwellenüberschreiten wird erschwert durch die Anwesenheit von »Schwellenhütern« – in Form von Problemen, Fragen oder Personen, an denen man vorbeimuss.

Der Held muss mehrfach Prüfungen bestehen, kommt nicht um Kämpfe herum und wird teilweise auch verletzt. Bei diesen Prüfungen dringt er irgendwann sogar bis in die tiefste Höhle hinein, wo auf der Kippe steht, ob am Ende alles gut gehen wird. Durch eine bewusste Entscheidung wird an dieser Stelle oft alles auf eine Karte gesetzt.

Danach hat der Held in der Regel aber ein »Elixier« gewonnen – einen bedeutenden Gegenstand oder ein besonderes Wissen –, und mit diesem Elixier kehrt er zurück in seine gewohnte Welt. Allerdings ist er durch seine vielen Erlebnisse und Erfahrungen verändert und tritt jetzt in einer neuen Rolle auf. Aber erst nach der Rückkehr in die Alltagswelt zeigt sich, wie tiefgreifend die persönliche Verwandlung war und was jetzt dadurch möglich sein wird.

Auf ein Element aus der Heldenreise möchte ich für unseren Weg besonders hinweisen. Der Held trifft mehrfach auf einen sogenannten Schwellenhüter. Das ist eine Person oder ein Ereignis, das dem weiteren Fortschreiten auf dem begonnenen Weg erst einmal Einhalt gebietet. Mal bewirkt es nur ein kurzes Zögern, mal löst diese Begegnung eine richtige Krise aus, in der man sich fragt, ob der Weg überhaupt weitergehen kann.

In der Mythologie ist der Schwellenhüter in der Regel sehr negativ und bedrohlich beschrieben. Ich sehe die Rolle etwas versöhnlicher. Der Schwellenhüter prüft, ob wir wirklich hinter unserem Vorhaben stehen, ob unsere Motivation und Kraft ausreichen. Manchmal will ein Schwellenhüter uns vielleicht sogar davor bewahren, dass wir zu schnell voranschreiten, ohne wirklich zu prüfen, ob der Weg, auf dem wir uns befinden, noch der richtige ist.

Einer meiner persönlichen Schwellenhüter war eine Bekannte, die in der besonders empfindlichen Vorbereitungsphase eines Schreibprojekts meinte: »Warum willst du gerade dazu etwas schreiben? Zu diesem Thema gibt es doch genügend andere und zudem noch viel namhaftere Autoren. Ich weiß ganz ehrlich nicht, ob ich dazu gerade deine Texte lesen möchte.«

Ja, das trifft. Das tut weh. Und verunsichert. Natürlich gibt es immer größere Namen; berühmte Leute, die schlaue Dinge sagen. Natürlich bin ich eine ganz kleine Nummer im Vergleich dazu.

Der Satz arbeitete lange in mir, ich fragte mich tatsächlich, ob ich die fertigen Textteile nicht lieber gleich in die Mülltonne schmeißen sollte. Aber dann erwachte mein Trotz. Denn auch wenn ich nicht zu den großen Namen am Autorenhimmel gehöre, habe ich doch eine ganz eigene Art, meine Gedanken mitzuteilen. Und es gibt Menschen da draußen, die vielleicht genau diese Art mögen und brauchen. Und für sie schreibe ich.

So wie dein Herzensprojekt auch nicht genau das sein wird, was andere schon längst in Hülle und Fülle anbieten. Es wird genau deine Art von Yogaschule, Café, Atelier oder was auch immer sein.

So konnte ich meine Schwellenhüterin nach einer (zugegeben nicht ganz kurzen) Weile fast schon dankbar aus ihrer Aufgabe entlassen und meinen Weg fortsetzen. Mittlerweile (wieder) aufgerichtet und sehr entschlossen. Und siehe da – es fanden sich Leser …

Übrigens trafen auch ganz große Namen auf entscheidende Schwellenhüter.

So hatte J.K. Rowling von fast allen großen britischen Verlagen eine Absage für das Harry-Potter-Manuskript kassiert – bis auf einen Verlag, der es auch nur zögerlich annahm. Wohl die teuerste Absage in der Geschichte dieser Verlage … Aber J.K. Rowling hat sich nicht entmutigen lassen. Und das Ergebnis kennen wir.

Paulo Coelho hatte mit seinem Weltbestseller *Der Alchimist* in der ersten Auflage nur 900 Exemplare verkauft. Für einen großen Markt wie sein Heimatland Brasilien war das so erschreckend wenig, dass der Verleger sich wieder von ihm trennte. Paulo Coelho musste daraufhin versuchen, einen neuen Verlag für ein schon gescheitertes Buch zu finden – eine wahrhaft schwere Aufgabe. Aber er hat nie den Glauben an dieses Buch aufgegeben – und hat es geschafft, es zu einem der zehn meistverkauften Bücher weltweit zu machen.

Auf stabilen Füßen

Was ist das Herz in deinem Projekt?

Mit Sicherheit wirst du etwas aufbauen, das das gewisse »Etwas« hat. Etwas, das dein Projekt einzigartig macht, das mehr gibt als erwartet, das überrascht und erfreut, das einen besonderen Wert in die Welt bringt …

Was kann so etwas sein?

Einige Stimmen dazu:

Angelika L. – Massage Praktikerin:
»Es geht mir um die Kunst der mitfühlenden Berührung. Nicht nur die körperliche Berührung, sondern auch all das, was einen auf anderen Ebenen berührt. Manche Kunden sagen, sie finden hier eine Insel der Glückseligkeit.«

Christine Pehl – Coach und Unternehmensberaterin:
»Ich brenne für die innere und äußere Nachhaltigkeit. Wenn Menschen lernen, sich gut um sich selbst, ihre Mitmenschen und die Umwelt zu kümmern, entsteht ein ›enkeltaugliches‹ Wirtschaften und Leben, damit auch die Menschen, die nach uns kommen, eine gute Lebensgrundlage haben. Ich spüre, dass ich meinen Kunden Lust auf dieses Thema mache und Leben-

digkeit reinkommt. Das alles ist mein Leben und nicht einfach ein Projekt.«

Karl Gläsle – Produzent der Pralinenmarke »Dresdner Frauenkirchensteine«:
»Es ist ein Produkt mit Seele entstanden – ein weiteres Genusssymbol für Dresden. Mit diesem Produkt habe ich hoffentlich etwas erschaffen, das mich überdauert, das über mich hinausgeht und im gewissen Sinne Spuren hinterlässt. Ich spüre dadurch auch eine größere persönliche Verbundenheit mit der Stadt. Wenn ich auf dem großen Marktplatz bei der Dresdner Frauenkirche an die Händler ausliefere oder über den Weihnachtsmarkt schlendere und meine Pralinen entdecke, dann fühle ich mich sehr stark verwoben mit dieser Stadt, und zwar auf eine andere Art und Weise, als ich es früher kannte.«

Claudia Kauscheder – Online-Trainerin für Organisation und Zeitplanung:
»Ich glaube, dass die Leute sehr schnell spüren, dass ich das auch lebe, was sie bei mir finden. Ich bin selbst davon überzeugt. Ich bringe keine Buchzusammenfassungen oder beschreibe Methoden, von denen andere sagen, sie wären toll. Und ich glaube, es spielt durchaus auch eine Rolle, dass die Leute wissen, dass ich halbtags woanders angestellt bin und trotzdem diesen Output für sie bringen kann. Das heißt, ich muss gut organisiert sein. Ich muss irgendetwas anders machen. Vielleicht kann ich den Leuten dann auch etwas davon beibringen. Ich bin auch sehr pragmatisch und biete klare und konkrete Lösungen. Nebenbei trage ich auch zu einer gewissen Entschleunigung bei, indem ich zum Beispiel Ratschläge gebe wie ›die Hälfte der Pläne für den heutigen Tag ersatzlos zu streichen‹.

Haga – Mitinhaberin eines Spielzeuggeschäfts:
»Wir vermitteln ein gutes Gefühl. Die Leute vertrauen uns und lassen sich gern von uns beraten. Es geht ja um einen sensiblen Bereich, um das Allerwichtigste – das Kind oder Enkelkind. Besonders schön ist es auch, die Augen von älteren Leuten zu erleben, wenn sie hier etwas finden, das sie früher als Kind auch hatten.«

Elenai Staczak – Buchhändlerin:
»Dieser Laden ist mein Wohnzimmer. In früheren Zeiten hatte man Literatursalons, und mein Laden ist für mich so eine Art Salon, der zwar öffentlich ist und dennoch von meiner Privatheit durchdrungen. Ich empfange hier Gäste.

Mein Sortiment ist sehr, sehr persönlich, aber breit aufgestellt. Und ich hoffe, dass für jeden hier eine Geschichte wartet.«

Bettina Sahling – Herausgeberin eines Onlinemagazins für gute Nachrichten:
»In einer Welt mit aufgeheizten, negativen Meldungen bleiben die vielen sinnvollen und kreativen Dinge oft im Schatten. Die Redaktion und freie Autoren werfen bei *newslichter* nötiges Licht auf inspirierende, motivierende Meldungen über Menschen, Projekte und Entwicklungen.«

Anna-Maria Lösche – Tanz- und Weiblichkeitspädagogin:
»Mein Konzept ist ein ›weiblicher Weg‹ – ein ganzheitliches Angebot für Frauen, das fein-sinnliches inneres Spüren, Selbstmitgefühl und Selbstliebe fördert. Auf der Basis des inneren Erlebens können Frauen ihre weibliche Essenz ganz individuell entdecken und leben. Wenn ich dann sehe, wie aus angestrengten, übermüdeten und überarbeiteten Frauen lebendige, sinnli-

che Wesen werden, ist das eine wunderbare Aufgabe. Ich biete dafür den Schutzraum an.«

Susanne Detemple – Goldschmiedin:
»Mein Schmuck entsteht ganz individuell in meiner Werkstatt, und es gehört immer auch eine Geschichte dazu. Ich versuche, besondere Materialien zu verarbeiten und den Schmuck bezahlbar zu machen. Dann wird halt mit Silber gearbeitet und nicht mit Gold. Oder ich mache viel mit Perlen oder Papier, aktuell gerade mit indischer Brokatseide, die erschwinglich sind, aber dennoch eine besondere Ausstrahlung haben. Also hochwertige Materialien kombiniert mit meiner Kreativität.«

Anita Maas – Verlegerin:
»Meine Zeitschrift soll wie ein Leuchtturm wirken für mich und andere, die sich im Nebel verlaufen haben und Orientierung suchen. Jede Ausgabe hat ein ganz eigenes Schwerpunktthema und soll damit ein weiteres Licht auf unserem Weg sein. So kommen wir alle gemeinsam Schritt für Schritt voran und finden Klarheit und Zufriedenheit. Das ist meine Vision mit dieser Zeitschrift.

Ich mache diese Zeitschrift natürlich für andere, aber die Themen haben immer auch zutiefst etwas mit mir zu tun, mit meiner inneren Arbeit. Und ich glaube, das spüren die Leser auch. Hier steckt ein sehr konkreter Mensch dahinter und nicht ein beliebiger Journalistenstab, der gezielt vorgegebene Themen recherchiert.«

Susanne Eckl, Susanne Eckl Bestattungen – Bestatterin:
Der Kern ihrer Arbeit ist auf ihrer Website so beschrieben:

»Ein tiefes Einlassen auf das Leben und die Endlichkeit.
Auf das Unfassbare und Unbegreifliche.

Im Leben, wie im Sterben und im Tod.«

Sie sagt auch:

»Wenn die Menschen zu mir kommen, ist ein Mensch meist schon gestorben, und ich habe dann mit der außergewöhnlichen Situation zu tun, in der die Angehörigen sind. Das ist ein wirklich großes Geschenk, weil man etwas zutiefst Sinnvolles tun darf. Es ist eine Erfüllung. Man darf in solchen Zeiten den Menschen so schnell ganz nah sein. Das ist in kaum einem anderen Bereich so schnell möglich. Sich wirklich einlassen zu dürfen auf die tiefe menschliche Existenz.

Und es geht auch um die Möglichkeit, diese Zeit als wertvoll zu empfinden. Auch wenn es natürlich um Schmerz, Trauer und Sprachlosigkeit geht. Das liegt mir sehr am Herzen. Das Positive in die Schwere hineinzulenken.«

Dorothe Schindler – Café-Inhaberin:
»Es geht mir nicht nur um den Verkauf, sondern um ein gutes Miteinander. Das Herz muss dabei sein. Man spürt, dass alles hier mit Liebe zubereitet ist.«

Was soll auf einer höheren Ebene entstehen?

Es geht bei deinem Projekt auch darum, was durch dich in die Welt kommen möchte. Wahrscheinlich liegt deine Berufung in der Schnittstelle zwischen deinen Talenten, den Bedürfnissen deiner Kunden und dem, was wahr werden möchte.

Mir persönlich hilft diese Art zu denken. Ich bin nur ein Teil von dem, was entstehen möchte, also spielen meine persönlichen Zweifel und Bedenken eine nicht so große Rolle, wie mein Inneres mir manchmal zuflüstert.

Dazu gibt es eine gute Frage: Ist deine Entscheidung oder sind deine aktuellen Aktivitäten gut für die nächsten sieben Generationen?

Diese Frage kommt dir vielleicht etwas seltsam vor. Vermutlich hast du unter diesem Gesichtspunkt nie darüber nachgedacht.

Aufgegriffen habe ich diese Frage aus einer Tradition der nordamerikanischen Indianer, die bei Entscheidungen für Einzelne oder den ganzen Stamm in einem Ritual eine Reihe von Fragen stellen. Und diese große Frage folgt zum Abschluss des Rituals, wenn alle anderen Fragen beantwortet wurden – sozusagen als letzter Prüfstein, ob die Entscheidung wirklich gut ist.

Vielleicht wunderst du dich über eine solche Frage, denn du willst doch zum Beispiel »nur« eine Praxis oder ein Yogastudio aufmachen. Was hat das mit den nächsten sieben Generationen zu tun?

Aber was du in die Welt bringst, ist nie nur für dich eine große Veränderung. Du setzt ein Signal, bringst etwas ins Rollen, weißt nicht, wozu das alles später – vielleicht noch lange nach deinem Leben – führen wird. Deine Aufgabe ist es, jetzt etwas Konkretes zu tun. Und dadurch kommen Veränderungen in Gang. Vielleicht setzt du mit deinem Projekt ein Signal für ein anderes Miteinander, für eine größere Kreativität, mehr Freude und Leichtigkeit. Vielleicht bekommen Menschen bei dir Anregungen für neue Gedanken und neue Wege. Vielleicht bewirken diese Veränderungen gar kleine Wegkorrekturen, die sich auf die nächste Generation auswirken, selbst wenn du es wahrscheinlich nie erfahren wirst. Der Weg der nächsten sieben Generationen wird ein Stück weit davon geprägt. Du musst nicht genau wissen wie.

Vielleicht fällt es dir leichter, diese Frage ernst zu nehmen, wenn du darüber nachdenkst, wie sich so manche

Entscheidungen deiner Großeltern oder Ururgroßeltern auf dein heutiges Leben auswirken? Wie so manche Worte deiner Lehrer oder anderer Begleiter heute noch in dir nachhallen, vielleicht deinen Weg entscheidend beeinflusst haben?

Klarheit gewinnen:

- Beinhaltet dein Projekt oder deine aktuelle Entscheidung wenigstens die Möglichkeit einer guten Wirkung für die nächsten sieben Generationen?
- Welche Werte werden vermittelt oder weitergetragen?
- Setzt dein Projekt gute Zeichen und bringt es Hoffnung in die Welt?
- Macht es das Leben einiger Menschen etwas lebenswerter?
- Ist es gut für die Natur?
- Macht es die Welt zu einem etwas besseren Ort?
- Vielleicht fällt es dir schwer, diese Fragen selbst zu beantworten. Es kann eine Hilfe sein, dir einen Beobachter vorzustellen, der deine Arbeit wohlwollend aus der Ferne betrachtet. Was würde diese Person dazu sagen?
- Was wird man später über dich und deine Arbeit berichten?
- Warum war sie wichtig?
- Stelle dir vor, es ginge gar nicht um dich, sondern um eine höhere Berufung. Was würdest oder müsstest du dann anders tun? Vielleicht würden einige Zweifel sogar kleiner werden?

Auf wessen Schultern stehst du?

Du bist nicht ganz von allein dorthin gekommen, wo du heute stehst. Vor dir gab es mutige und ausdauernde Menschen, die den Weg für dich frei gemacht haben. Dabei geht es im größeren Sinne um Menschen, die gesellschaftliche Veränderungen bewirkt haben, die Rechte und Ausbildungsmöglichkeiten für Frauen und/oder Menschen aus allen Gesellschaftsschichten erkämpft haben.

Es geht aber auch um deine direkten Vorfahren, denn auch auf deren Schultern stehst du heute, auch wenn du die meisten davon nicht persönlich gekannt hast.

Was du heute zu träumen wagst, hat immer auch mit den Menschen zu tun, die lange vor dir harte Zeiten durchgestanden haben, die ihre Kinder trotz Hunger, Krieg und Eiseskälte durchgebracht haben. Die Eigenschaften hatten oder entwickelt haben, auf die deine geerbten Gene heute bauen können. Vielleicht lieferten sie den Baustein für deinen Mut, deine Ausdauer, deine Fähigkeit, neu und anders zu denken. Und ganz tief aus deiner Zellstruktur können sie zu dir sprechen.

Hörst du, was sie sagen?

Wären sie enttäuscht, wenn du an dieser Stelle nicht weitergehen würdest, wenn du deine Chance nicht nutzen würdest?

Entwickelst du dein Projekt eventuell sogar auch ein wenig für sie – in der Würdigung dessen, was sie für dich vorbereitet haben?

Oder weil du endlich aus einer langen, vielleicht unguten Familiengeschichte ausbrechen und Neues wagen musst – die Verkettung unguter Wiederholungen aufbrechen möchtest?

Kannst du diese Menschen heute ganz bewusst wertschätzen?

Dankbarkeit ist ein magischer Schlüssel

Warum ist es so wichtig, dankbar zu sein? Natürlich vor allem, weil es nicht selbstverständlich ist, dass Menschen uns helfen. Ebenso wenig ist es selbstverständlich, dass wir all die Dinge haben dürfen, die wir für unser Leben brauchen.

Aber auch, weil du eher etwas im Leben geschenkt bekommst und sich Türen schneller für dich öffnen, wenn du in einem Zustand der Dankbarkeit bist. Dankbarkeit für alles, was du jetzt bereits hast oder bekommen hast, aber auch Dankbarkeit im Voraus für alles, was du in Zukunft erhalten könntest, auch wenn du noch nicht weißt, ob es so kommen wird. Es klingt vielleicht paradox, aber Dankbarkeit ist etwas, das du empfinden solltest, BEVOR du etwas empfangen kannst. Hinterher natürlich sowieso, aber DAVOR dankbar zu sein, das vergessen wir oft.

Energie folgt der Aufmerksamkeit, deshalb kannst du diese Ereignisse ein wenig zu dir heranziehen, zum Beispiel mit der untenstehenden Übung.

Übung: Dankbarkeitsliste

Lege dir Stift und Papier für diese Übung bereit.

Wofür bist du im Moment wirklich dankbar? Vielleicht magst du eine Liste schreiben. Sie kann kurz oder lang werden.

Denk auch an »Selbstverständlichkeiten« wie die Tatsache, dass du ein Zuhause hast, Schutz vor Regen und Kälte, einen gefüllten Kühlschrank …

Sieh dich dann um. Beachte die Schönheit um dich herum – das Sonnenlicht, das durch dein Fenster fällt, die hübsche Blumenvase, das geliebte Bild an der Wand …

Atme diese Schönheit ein. Lass dich richtig davon erfüllen.
Vielleicht bist du aber auch dankbar für Menschen, die in deinem Leben sind, die dein Leben bereichern.
Nenne zwei oder drei Dinge über dich selbst, für die du dankbar bist. Mache daraus einen stimmigen Satz, wie zum Beispiel »Ich bin dankbar dafür, dass ich heute kraftvoll und motiviert bin.«
Schreibe eine weitere Liste mit mindestens fünf Dingen oder Ereignissen, die du dir im Moment sehr wünschst.
Wähle anschließend einen Punkt davon aus. Später kannst du diese Übung mit den anderen wiederholen.
Sprich diesen Wunsch laut aus. Achte darauf, wie du den Wunsch formulierst, wie deine Stimme klingt, ob es sich für dich wirklich stimmig anhört und anfühlt. Sei so genau wie möglich. Eventuell änderst du deine Formulierung entsprechend.
Stelle dir dann vor, dass dieser Wunsch bereits für dich erfüllt wurde, als wäre alles schon da. Spüre nach, wie sich das anfühlt und was es mit dir macht. Was würdest du jetzt tun?
Dann bedanke dich anschließend aus ganzem Herzen dafür, dass dir ein solches Glück geschenkt wurde.

Die Wertschätzung deiner Arbeit

Wahrscheinlich wirst du mit deinen Angeboten auch Geld verdienen wollen oder müssen. Aber auch Initiativen, die eher im ehrenamtlichen Bereich liegen, kommen nicht um das Thema Wertschätzung herum. Wir können nicht dauerhaft etwas tun, ohne dass uns in irgendeiner Form eine Wertschätzung dafür entgegengebracht wird.

Wenn wir für etwas brennen und es für uns umso viel mehr geht als nur einen Job, kann es schwierig sein, mit dem finanziellen Aspekt vernünftig umzugehen, denn wir machen diese Herzensarbeit ja so gern, dass es uns gelegentlich fast unanständig vorkommt, dafür Geld zu verlangen. Wenn wir allerdings kein Geld bekommen, fehlen die Einnahmen, die es uns möglich machen, diese Arbeit überhaupt zu tun.

Einige Gedanken können helfen, eine gute Wertschätzung für deine geleistete Arbeit anzunehmen.

Du verkaufst nicht immer eine Leistung oder ein konkretes materielles Produkt, sondern deine Zeit. Die Zeit, in der du für diese Menschen zur Verfügung stehst. Und du kannst nicht zur Verfügung stehen, wenn du in dieser Zeit eine andere bezahlte Arbeit machen müsstest, um deinen Lebensunterhalt zu verdienen.

Bedenke auch, dass deine Kunden etwas durch deine Hilfe oder dein Produkt *gewinnen*. Du bietest ihnen etwas Wertvolles, was sie vielleicht woanders in dieser Form nicht bekommen würden.

Außerdem gibt es eine Gesetzmäßigkeit, die nicht zu unterschätzen ist. Durch das kostenlose oder deutlich zu billige Angebot entsteht eine Schieflage. Die Kunden oder Klienten spüren das, auch wenn sie es nicht genau benennen könnten. Aber die Schieflage verursacht ein schlechtes Gefühl – auf beiden Seiten. Und dieses schlechte Gefühl wollen deine Kunden nicht haben, also kommen sie nicht mehr zu dir.

Gerade am Anfang einer neuen beruflichen Existenz macht man häufig den Fehler, die eigene Zeit zu günstig anzubieten. Dabei übersehen wir auch, welche Signalwirkung ein viel zu günstiger Preis haben kann. Er vermittelt nämlich oft

Unsicherheit, fehlende Erfahrung und fehlendes Können. Und möchte ich als Kunde zu einer Person gehen, die noch nicht weiß, ob sie gut genug ist?

In meinen Seminaren lasse ich Menschen gelegentlich ihr Stundenhonorar »erspüren«, indem sie in der Mitte der Gruppe stehen und nacheinander an drei verschiedene Stundensätze denken. Einer davon soll der aktuelle sein, die anderen dürfen darunter oder wesentlich darüber liegen. Die Gruppe weiß nicht, wann die Person an welche Summe denkt und spiegelt nur, was die Person dabei ausstrahlt. Das Ergebnis ist immer wieder erstaunlich. Es gibt fast immer eine Summe, mit der die Person sich wohl- und wertgeschätzt fühlt. Das kann sich körperlich zeigen, indem sie zum Beispiel ganz stabil auf dem Boden steht und nicht leicht schwankt. Oder indem sie fast ein wenig wächst und ganz würdevoll dasteht. Diese Summe entspricht nicht immer dem tatsächlich verlangten aktuellen Stundensatz, sondern ist die, die sich innerlich mittlerweile korrekt anfühlt.

Wohl-Stand bedeutet auch, wirklich wohl zu stehen. Ich muss mit dieser Wertschätzung meiner Arbeit richtig gut im Leben stehen können.

Bettina Sahling ist Herausgeberin eines Onlinemagazins und wollte ihr Angebot von Anfang an für alle frei zugänglich, aber ohne Werbung anbieten. Die ersten Jahre waren schwer, da sie kaum Geld damit verdient hat. Irgendwann kam sie aber auf die Idee, die Leute zu Spenden und Abos aufzufordern, und heute gibt es viele Menschen, die diese Website für »gute Nachrichten« nur allzu gern freiwillig unterstützen.

Übung: Deine persönliche Wertschätzung

Stelle dich körperlich hin und mache für einen Moment die Augen zu.
Stelle dir vor, dass es irgendwo da draußen ganz viele Menschen gibt, die dein Angebot dringend brauchen. Ja, die regelrecht darauf warten, dass du endlich damit in Erscheinung trittst. Es sind so viele, dass du gut mit deinen Kräften umgehen musst, um sie alle versorgen und bedienen zu können.
Wie geht es dir jetzt damit? Ist es ein gutes Gefühl?
Überlege dir, mit welchem Honorar du in einer solchen Situation wirklich zufrieden wärst? Egal ob du dir ein Stundenhonorar vorstellst oder eine monatliche Summe. Es sollte ein Wert sein, der dir Sicherheit und Stabilität gibt.
Und dann prüfe: Wie fühlst du dich? Wie stabil stehst du auf dem Boden? Führt irgendetwas dazu, dass du leicht schwankst oder wackelst? Bist du wirklich zufrieden? Würdest du mit dieser Summe gern zur Arbeit gehen und glücklich wieder nach Hause?
Lasse nicht zu, dass dabei Gedanken des Mangels oder des Zweifels aufkommen. Dass Menschen wenig Geld haben, dass es unrealistisch ist, dass andere billiger sind ... Es geht in dieser Übung nur darum, dass du spürst, womit DU dich wohlfühlst.
Und auch wenn du wahrscheinlich nicht gleich morgen diese Summe umsetzen wirst, hast du ein Zeichen gesetzt, wo deine Verdienstziele liegen.
Wiederhole diese Übung regelmäßig, mindestens alle paar Monate, um zu prüfen, ob dein »Preis« immer noch stimmig ist.

Aber die innere Einstellung zum Thema »Geld verdienen« ist nur die eine Seite. Denn natürlich läuft es in den seltensten Fällen so, dass man vom ersten Monat an richtig viel Geld einnimmt. Und die Kosten laufen natürlich schon. Deshalb ist es auch unabdingbar, eine klare und pragmatische finanzielle Planung für dein Projekt zu machen. Wie lange wirst du ohne nennenswerte Einnahmen dein Projekt halten können?

Menschen mit Herzensprojekten berichten oft, dass es durchaus drei bis fünf Jahre gedauert hat, bis sie wirklich auf stabilen Füßen standen. Natürlich haben sie in dieser Zeit schon Geld verdient, aber eben nicht genügend oder wirklich zufriedenstellend. Viele machen an diesem Punkt den Fehler zu denken, dass es an der eigenen Unfähigkeit läge, dass man nicht schon im ersten Jahr schwarze Zahlen schreibt. Aber jeder erfahrene Unternehmer weiß, dass es zu dieser Aufbauphase dazugehört.

Wenn du dich in dieser Zeit vollends selbst finanzieren musst und nicht das Glück hast, ein Darlehen, finanzielle Reserven oder Unterstützung durch die Familie zu haben, ist es sehr empfehlenswert, das neue Projekt aufzubauen, während du noch einer Nebentätigkeit nachgehst, die die laufenden Lebenskosten größtenteils deckt. Denn was nützt es deinem Herzensprojekt, wenn du nur noch finanzielle Sorgen hast und dein Projekt deshalb vielleicht vorzeitig aufgeben musst?

Der Komödiant Ewald Blum betont, dass er sich bewusst dafür entschieden hat, parallel eine feste Teilzeit-Anstellung zu haben. Das bedeutet, dass er nicht darauf angewiesen ist, jeden Auftrag anzunehmen.

Auch wenn es dann irgendwann besser läuft, wird es immer ein Auf und Ab geben – ja, sogar richtige Flauten. Doch auch dann gilt es, nicht in Panik zu geraten, sondern sich bewusst zu machen, dass so etwas vollkommen normal ist und dass in den seltensten Fällen erkennbar ist, woran die Flaute gerade liegt. Deshalb sollte man in den besseren Zeiten immer eine Rücklage bilden für die Monate, in denen das Geschäft ruhiger ist. Und dennoch die schwierigeren Zeiten nutzen, um neue Aktionen zu planen oder zu starten.

Beispiel:

Karl Gläsle – Produzent einer Pralinenmarke:
»Mit der Zeit habe ich gelernt, dass ich in solchen Unsicherheitsphasen irgendwie aktiv werden muss. Dann passiert immer irgendwas auch im Außen. Nicht immer als direkte Antwort auf das, was man macht, aber es kommt etwas von irgendwo her. Das ist eine gute Erfahrung.«

Eine leise Trauer

Dieser Abschnitt wird dich vielleicht etwas wundern.

Kurz vor der endgültigen Umsetzung deines Projekts kann es vorkommen, dass eine gewisse Schwere und ein Stück Trauer in dir spürbar werden. Dieser Zustand kommt oft überraschend und scheinbar ohne Grund. Jetzt geht es doch gleich los. Jetzt sollte alles voller Vorfreude sein, oder?

Ja, klar, die Vorfreude steht jetzt an, aber du lässt auch etwas zurück. Du verlässt etwas Altes und Vertrautes. Oft ohne zu wissen, was genau hier zu Ende ist. Aber dein Unterbewusstsein registriert es und fängt schon an, diese Entwicklung zu verarbeiten.

Was tut man dann? Gar nichts ... Registriere einfach, dass in dir auch etwas Trauer ist. In der Regel ist das sogar der leichteste und natürlichste Weg, um wirklich Abschied von einem vertrauten Lebensabschnitt zu nehmen. Danach wird die Vorfreude bald wieder überwiegen.

Plötzliche Panik

Vielleicht spürst du aber auch keine Trauer, sondern es breitet sich ein ganz anderes Gefühl in dir aus. Vielleicht werden alle Zellen in deinem Körper urplötzlich in eine flirrende Alarmbereitschaft versetzt. Nennen wir es beim Namen: So fühlt sich Panik an.

Wenn kleine Kinder laufen lernen, kann man beobachten, wie sie selbstversunken einfach loslaufen und erst nach einigen Schritten merken, dass sie wirklich laufen und gerade das vertraute Behütetsein verlassen. In dem Moment drehen sie sich meist zu den Eltern um mit Blicken voller Angst.

Ungefähr dort bist du jetzt auch. Du bist losgelaufen, und jetzt wird es ernst. Du schlägst gerade ein neues Kapitel in deinem Leben auf und hast noch keine Ahnung, was es für dich bereithält. Diese Augenblicke voller Panik gehören zum Weg dazu und sind sogar ein Zeichen dafür, dass du als Mensch wirklich wächst, dass du absolutes Neuland für dich betrittst.

Was tun? Stelle erst einmal fest, dass dieses seltsame Gefühl tatsächlich Panik ist. Wenn du dazu in der Lage bist, kannst du dich sogar innerlich für den Hinweis bedanken. Wenn die Panik aber droht, dich zu überwältigen oder gar von den nächsten notwendigen Aktivitäten abzuhalten, kannst du dich noch einmal mit deinen sichtbaren und unsichtbaren Helfern geistig verbinden – damit sie dich jetzt ganz besonders unterstützen und dir Mut machen. Spüre, wie sie um dich herum sind und dich anfeuern für die nächsten mutigen Schritte.

Vielleicht magst du dir auch noch einmal all die Menschen vorstellen, die auf dein Angebot warten und die vielleicht ganz traurig wären, wenn du jetzt »kneifen« würdest.

Jetzt geht es los!

Du bist jetzt schon einen langen Weg gegangen und hast hoffentlich dabei viel Klarheit, Mut und Kraft gewonnen. Jetzt kann es richtig losgehen!

Dazu möchte ich dir gerne ein kleines Ritual mitgeben:

Stelle dir vor, du stehst jetzt in deinem aktuellen oder zukünftigen Raum – wie und was auch immer dein »Raum« sein wird: deine Praxis, dein Café, dein Büro, dein Schreibtisch zu Hause …

Fühlst du dich richtig wohl und gut aufgehoben? Wenn nicht, verändere ein paar Kleinigkeiten in deiner Vorstellung, bis es dir richtig gut geht. Genieße dieses Gefühl. Es ist alles stimmig und richtig. Du bist an der richtigen Stelle. Du bist genau die richtige Person. Die Zeit ist passend. Dein Angebot ist goldrichtig, und die Menschen warten darauf.

Dann öffne langsam und sehr bewusst eine Tür nach außen und begrüße die Menschen, die jetzt zu dir kommen werden. Heiße sie aus ganzem Herzen willkommen in dem, was du für sie gestaltet hast – und was ein Geschenk für sie sein wird.

Genieße die Vorstellung, dass die Menschen zu dir strömen,

sich voller Freude anschauen, was du für sie bereitet hast, und mehr als gerne alles mitnehmen, was für sie gut ist.

Bedanke dich bei all deinen Helfern – bei den sichtbaren und unsichtbaren – für alles, was entstanden ist. Und bei allen Kräften dieses Universums, die dazu beigetragen haben, dass du jetzt genau an diesem Punkt in deinem Leben stehst.

Dein Herzensprojekt ist Wirklichkeit geworden!

Wie geht es weiter mit uns?

Unser gemeinsamer Weg ist hier zu Ende. Falls du aber weiterhin mit mir in Verbindung bleiben und dabei weitere Tipps und Hinweise bekommen möchtest, kannst du gerne meinen Newsletter abonnieren oder gelegentlich auf meiner Website und in meinem Blog vorbeischauen.

Falls du gern persönlicher beraten werden möchtest, stehe ich in verschiedenen Städten für Einzeltermine zur Verfügung. Du kannst auch meine Seminare über die Umsetzung von Herzensprojekten besuchen. Weitere Informationen und Termine findest du auf meiner Website.

Hier erreichst du mich:

Mailadresse: info@vera-bartholomay.com

Website: www.vera-bartholomay.com

Wofür auch immer du dich entscheidest – ich freue mich in jedem Fall, von dir zu hören, welches Herzensprojekt du tatsächlich umgesetzt hast, und wünsche dir aus ganzem Herzen viel Freude und Erfolg damit!

Von Herzen Danke

An alle Menschen, mit denen ich über die Themen dieses Buches sprechen durfte, von denen nicht alle namentlich genannt sind.

An alle Wegbegleiter, die mich inspiriert, beflügelt und gestärkt haben.

An meine Agentin, Elke Brand, ohne deren Begeisterung dieses Buch nicht entstanden wäre.

An meine Lektorin beim Kösel-Verlag, Sandra Czech, für ihre wertschätzende und klare Begleitung.

An meinen Mann, Berni, der sich um all meine Kommafehler gekümmert und mir reichlich Eremitenzeit gegönnt hat.

An meine Söhne, Jonas und Dan, die außergewöhnliche und mutige Wege gehen und dabei nie das Wesentliche vergessen.

Konkrete Herzensprojekte

Diese Personen und Projekte hast du in diesem Buch kennengelernt. Hier kannst du mehr über sie erfahren:

Anita Maas – Verlegerin der Zeitschrift *MaaS-Magazin – Impulse für ein erfülltes Leben* aus Saarbrücken:
Mit ihrer Zeitschrift möchte sie eine Leuchtturm-Wirkung haben für alle, die Sinn und Orientierung suchen. Jede Ausgabe hat ein Schwerpunkt-Thema, und sie scheut auch nicht schwerere Themen wie »Leben und Tod«.
www.maas-mag.de

Anna-Maria Lösche – orientalische Tänzerin, Kurse für ganzheitliche Frauengesundheit, Therapeutic-Touch-Therapeutin aus Niedersachsen:
Die weibliche Energie und die Stärkung von Frauen in allen Lebensphasen stehen hier im Mittelpunkt.
www.weiblicher-weg.de

Bettina Sahling – Herausgeberin des Onlinemagazins *newslichter* aus Niedersachsen:
Eine kleine Perle im Internet! Hier findet man die guten Nachrichten, die sonst in der Berichterstattung untergehen. Mehr als 8000 Besucher täglich ermöglichen dieses außergewöhnliche und vollkommen kostenlose Angebot mit ihren freiwilligen Spenden.
www.newslichter.de

Christine Pehl – Coach und Unternehmensberaterin aus Augsburg:
In ihrer Beratung für Firmen und Organisationen geht es um die innere und äußere Nachhaltigkeit. Nur wer sich gut um sich selbst, seine Mitmenschen und die Umwelt kümmert, wird »enkeltauglich wirtschaften und leben« – und darin liegt eine große Hoffnung für unsere Zukunft.
www.pehl-beratung.de

Claudia Kauscheder – Online-Trainerin mit dem Programm »Abenteuer Home Office« aus Österreich:
Mit ihren Seminaren unterstützt sie Selbstständige bei Themen wie Organisation und Zeitplanung.
www.abenteuerhomeoffice.at

Dorothe Schindler – Inhaberin des Cafés Moccachili in Saarbrücken:
Dieses Café wird mit einem großen Herzen geführt. Nicht nur die Bio-Produkte sorgen dafür, dass es »wie zu Hause« schmeckt.
http://moccachili.blogspot.de/

Elke Brand – Inhaberin der Film- und Literaturagenturen »scripts for sale« und »scripts for soul« in Hamburg:
Hier werden Drehbücher für Kino- und Fernsehfilme vermittelt, aber auch Regisseure mit Produzenten für Filmprojekte zusammengebracht. Ein weiteres Standbein ist die Vermittlung von Büchern über Spiritualität und Lebensthemen.
www.scriptsforsale.de und www.scriptsforsoul.de

Ewald Blum – Komödiant und Entertainer aus Saarbrücken:
Mit seiner Kunstfigur »Elfriede Grimmelwiedisch« steht er seit

35 Jahren als ältere, recht frivole und anarchistische Frau auf der Bühne. Begonnen hat er als Laie mit Karnevalsauftritten. Heute ist er Profi mit großem Bühnenprogramm und weit über die saarländischen Grenzen hinaus bekannt.
www.elfriedegrimmelwiedisch.de

Karl Gläsle – Produzent der Pralinenmarke »Dresdner Frauenkirchensteine«:
Beruflich ist er ursprünglich Designer, aber mit diesen außergewöhnlichen Pralinen mit dem Aussehen der Sandsteine der Dresdner Frauenkirche wagte er den Schritt in die Schokoladenproduktion.
www.frauenkirchensteine.de

Kultur- und Werkhof Nauwieser 19 e. V. – Saarbrücken
Selbstverwaltete Gemeinschaft, die anders miteinander arbeiten und kreativ sein will. Hierzu gehören elf soziale, handwerkliche, kreative und therapeutische Projekte: Kino und Filmbüro, Malschule, Fahrradladen, Bistro, Puppenbau- und Künstlerwerkstätten, Frauennotruf, Aidshilfe und therapeutische Praxen. Es gibt auch Veranstaltungsräume und Angebote für die Stadtteilarbeit.
www.nauwieser19.de

Haga – Spielzeuggeschäft »spielbar« in Saarbrücken:
Mit ihrer Kollegin wagte sie entgegen aller wirtschaftlichen Prognosen und Widrigkeiten die Eröffnung eines Spielzeugfachgeschäfts und fand einen dankbaren Kundenkreis.
http://spielbar-saarbruecken.de

Elenai Staczak – »Buchhandlung am Hohenzollernplatz« in München-Schwabing:

Diese Buchhandlung ist ein »offenes Wohnzimmer und ein literarischer Salon«. Begeisterte Kunden trotzen dem Onlinehandel und zelebrieren hier »richtige« Bücher mit einer fundierten und sehr persönlichen Beratung.

Susanne Eckl, Susanne Eckl Bestattungen – Bestatterin aus Berlin:
Auch wenn es in ihrem Beruf um den Tod geht, steht die Lebensessenz im Mittelpunkt ihrer Arbeit. So möchte sie individuelle und stimmige Formen des Abschiednehmens ermöglichen, dabei aber auch den Trauerprozess der Angehörigen begleiten.
www.eckl-bestattungen.com

Susanne Detemple – Goldschmiedin aus Saarbrücken:
Der Schmuck wird selbst entworfen und in der integrierten Werkstatt hergestellt. Zu den dennoch bezahlbaren Unikaten gehört immer auch eine persönliche Geschichte.
www.idee-und-form.com

Tina Stein – Künstlerin mit eigener Malschule in Saarbrücken:
»Durch die Malerei kann ein großes menschliches Entwicklungspotenzial initiiert werden.« In ihren Kursen geht es deshalb nicht nur um das Entstehen neuer Werke, sondern auch um eine Begleitung des inneren Prozesses der einzelnen Schüler.
www.tinastein.de

In meinem Blog (www.vera-bartholomay.com) werden diese Menschen mit ihren Projekten und ihrer Geschichte ausführlicher vorgestellt.